IUV-ICT技术实训教学系列丛书

IUV-4G 移动通信技术

陈佳莹 张溪 林磊◎编著

人民邮电出版社
北京

图书在版编目（CIP）数据

IUV-4G移动通信技术 / 陈佳莹，张溪，林磊编著
. -- 北京 : 人民邮电出版社，2016.2（2023.1重印）
（IUV-ICT技术实训教学系列丛书）
ISBN 978-7-115-41155-6

Ⅰ. ①I… Ⅱ. ①陈… ②张… ③林… Ⅲ. ①无线电通信－移动通信－通信技术 Ⅳ. ①TN929.5

中国版本图书馆CIP数据核字(2016)第016640号

内 容 提 要

本书将LTE理论基础与实践操作相结合，其中，理论部分重点介绍了LTE网络的网络架构、实现原理、关键技术以及LTE网络中涉及的重要概念和LTE中的信令流程及相关参数和消息；同时，本书以《IUV-4G全网规划部署线上实训软件》为基础，结合国内运营商的实际建网情况，系统而全面地介绍了LTE无线接入网和核心网从网络规划、网络部署、开通调试到业务调试全流程。建议读者将本书与《IUV-4G全网规划部署线上实训软件》配合使用，以便深入理解LTE网络建立整体流程及方案，同时也能够掌握运营维护的相关技能。

本书可作为高等院校通信技术和管理等专业的教材或参考书，也适合从事LTE承载网络规划设计、系统运营、网络建设、调测维护等工程项目的技术人员和管理人员阅读。

◆ 编 著 陈佳莹 张 溪 林 磊
责任编辑 乔永真 李 静
责任印制 彭志环
◆ 人民邮电出版社出版发行 北京市丰台区成寿寺路11号
邮编 100164 电子邮件 315@ptpress.com.cn
网址 http://www.ptpress.com.cn
北京天宇星印刷厂印刷
◆ 开本：787×1092 1/16
印张：10.5 2016年2月第1版
字数：180千字 2023年1月北京第15次印刷

定价：38.00元

读者服务热线：(010)81055488 印装质量热线：(010)81055316
反盗版热线：(010)81055315

前　言

随着移动宽带技术的大力发展，截至 2015 年 10 月，我国 4G 用户数已经突破 3 亿人，年均环比增长 8%以上。同时，伴随着国家大力推进移动互联网，移动宽带技术“提速降费”措施的落实，传统行业不断向“互联网+”进行转型升级，4G 用户数在未来的 2 年将会保持较高的增长态势，4G 网络建设的大潮将会进一步发酵。

据不完全统计，全国 4G 移动基站数目在 2015 年年底突破了 200 万个。三大运营商在未来 5 年将继续加大基站建设投入，以保证 4G 业务纵深覆盖，覆盖率在未来 2 年将达到 80%以上。移动基站建设大潮带来的直接就业岗位达 50 万个以上，间接就业岗位更达 70 万个以上。

为了满足市场的需要，IUV-ICT 教学研究所针对 4G-LTE 的初学者和入门者，结合《IUV-4G 全网规划部署线上实训软件》编写了这套交互式通用虚拟仿真（Interactive Universal Virtual，IUV）教材，旨在通过虚拟仿真技术和互联网技术提供专注于实训的综合教学解决方案。

“4G 移动通信技术”方向和“承载网通信技术”方向采用 2+2+1 的结构编写：2 个核心技术方向和 1 个综合实训课程。

“4G 移动通信技术”方向的教材有《IUV-4G 移动通信技术》《IUV-4G 移动通信技术实战指导》；“承载通信技术”方向的教材有《IUV-承载网通信技术》《IUV-承载网通信技术实战指导》；综合 4G 全网通信技术实训教材是《IUV-4G 全网规划部署进阶实战》。

2 个核心技术方向均采用理论和实训相结合的方式编写，一本是技术教材，注重理论和基础学习，配合随堂练习完成基础理论学习和实践；另一本实战指导是结合《IUV-4G 全网规划部署线上实训软件》所设计的相关实训案例。

综合实训课程则将 4G 全网的综合网络架构呈现在读者面前，并结合实训案例、全网联调及故障处理，使读者能掌握到 4G 全网知识和常用技能。

本套教材理论结合实践，配合线上对应的学习工具，全面介绍了 4G-LTE 通用网络技术，涵盖 4G 全网的通信原理、网络拓扑、网络规划、工程部署、数据配置、业务调试等移动通信及承载通信技术，对高校师生、设计人员、工程及维护人员都有很好的参考和实际意义。

从内容上看，本书分为两部分。第一部分为原理篇，包含第 1 章，重点介绍 LTE 及 EPC 网络的基本原理，为读者深入了解 LTE&EPC 网络打下基础。第二部分为实践篇，包含第 2～4 章，重点介绍 LTE 及 EPC 网络网络规划、网络部署以及开通调试过程，并通过相关案例介绍整个 LTE 网络调试的基本过程和方法。

主要章节说明如下。

第 1 章主要介绍 LTE 网络概念，包括标准的演进、网络架构、相关网元的功能，同时重点介绍了 LTE 网络中的标识和 LTE 网络中涵盖的重要的业务流程。

第 2 章基于软件在线学习平台，介绍了 LTE 网络的规划及部署全过程，包括 LTE 网络规划的流程、覆盖规划原理、容量规划、规模估算、无线参数规划以及 LTE 站点机房的部署及开通，使读者得到理论联系实际的学习效果。

第 3 章基于软件在线学习平台，介绍了 EPC 网络建设的全流程，包括拓扑的规划、容量规划，通过软件操作了解核心网机房中的网元的部署和连线，各个网元的通用配置和参数，使读者将 EPC 的理论知识和实际网络结合，增强实践能力。

第 4 章结合前面的内容，介绍了整个 LTE 网络包括 LTE 无线接入网和核心网常用的维护工具的使用和故障排查的思路方法，并对常见的故障原因进行了分析。除此之外，该章还通过一些典型的故障案例来帮助读者深入了解实际网络的维护工作，增强实战经验。

目　　录

第一部分　原理篇

第二部分　实践篇

第一部分　原理篇

第1章

LTE 网络概述及原理

📖 **知识点**

本章主要阐述了 LTE/EPC 网络的基本原理，主要内容包括 LTE/EPC 技术产生的背景及特点，结合 3GPP 规范介绍了 LTE 网络演进的路线。其次介绍了 LTE/EPC 中的网络架构、基础协议、重要概念、关键技术，并在最后总结性地介绍了主要的几种业务场景及相关流程。读者通过基本原理的学习，可以为深入了解 LTE/EPC 网络打下坚实基础，同时为后面的工程实践学习做好铺垫。

- LTE 网络基础
- LTE 接口与协议
- LTE 无线物理层
- LTE 关键技术

1.1 LTE 网络基础

1.1.1 移动通信演进过程概述

移动通信从 2G、3G 到 3.9G 的发展过程，是从低速语音业务到高速多媒体业务发展的过程。无线通信技术的发展和演进过程如图 1-1 所示。

1G：模拟制式的移动通信系统，具代表性的有 20 世纪 70 年代的美国 AMPS（Advanced Mobile Phone System），实现了全国范围内的语音通信。

2G：第二代数字蜂窝通信系统，20 世纪 80 年代末开发，全数字化系统实现了通话质量和系统容量的提升，开启了全球化的移动通信时代，主要代表有 GSM 系统和 CDMA

系统。

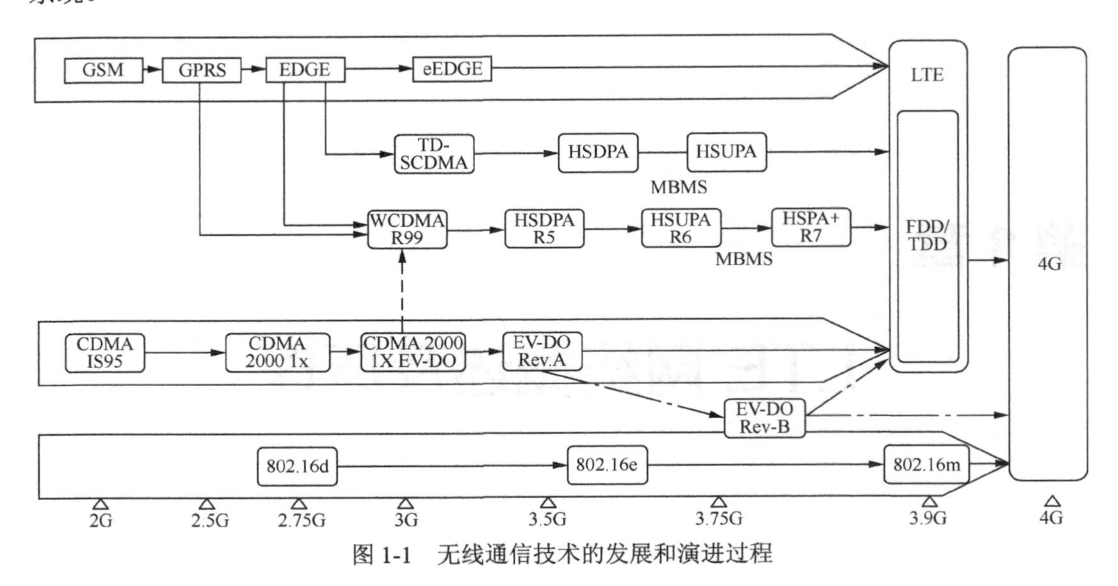

图 1-1　无线通信技术的发展和演进过程

3G：第三代移动通信技术，移动多媒体蜂窝通信技术，实现无线通信和国际互联网融合，提供语音、图像、音乐、视频等各种多媒体数据业务，要求提供 2Mbit/s 标准用户速率（室内）或 144kbit/s 速率（高速移动）。目前，3G 标准有 WCDMA、CDMA2000、TD-SCDMA（由中国制定的 3G 标准）以及 WiMAX（802.16 系列标准）共 4 个。

4G：第四代移动通信技术，宽带大容量的高速蜂窝系统，支持 100～150Mbit/s 下行网络带宽，提供交互多媒体、高质量影像、3D 动画和宽带互联网接入等业务，用户体验最大能达到 20Mbit/s 下行速率。

LTE：长期演进（Long Term Evolution，LTE）是 3GPP 组织主导的新一代无线通信系统，也称为演进的 UTRAN（Evolved UTRA and UTRAN）研究项目，全面支撑高性能数据业务，“未来 10 年或者更长时间内保持竞争力”。3GPP 的 LTE 标准在无线接入侧分为 LTE FDD 和 TD-LTE。

1.1.2　LTE 主要性能和目标

1.1.2.1　峰值数据速率

下行链路的瞬时峰值数据速率在 20MHz 下行链路频谱分配的条件下，可以达到 100Mbit/s［5bit/(s・Hz)］（网络侧 2 发射天线，UE 侧 2 接收天线）。

上行链路的瞬时峰值数据速率在 20MHz 上行链路频谱分配的条件下，可以达到 50Mbit/s［2.5bit/(s・Hz) ］（UE 侧 1 发射天线）。

宽频带、MIMO、高阶调制技术都是提高峰值数据速率的关键。

1.1.2.2　控制承载分离

承载与控制分离的结构是指控制面的信令和用户面的承载分别由独立的网元负责。

这样，可以优化用户面的性能，同时节约网络节点和承载网的投资。

1.1.2.3 控制面延迟

从驻留状态到激活状态，控制面的传输延迟时间小于 100ms，这个时间不包括寻呼延迟时间和 NAS 延迟时间。

从睡眠状态到激活状态，控制面传输延迟时间小于 50ms，这个时间不包括 DRX 间隔。

控制面容量频谱分配是在 5MHz 的情况下，期望每小区至少支持 200 个激活状态的用户。在更高的频谱分配情况下，期望每小区至少支持 400 个激活状态的用户。

1.1.2.4 用户面延迟

用户面延迟定义为一个数据包从 UE/RAN 边界节点（RAN edge node）的 IP 层传输到 RAN 边界节点/UE 的 IP 层的单向传输时间。这里所说的 RAN 边界节点，指的是 RAN 和核心网的接口节点。

在“零负载”（即单用户、单数据流）和“小 IP 包”（即只有一个 IP 头而不包含任何有效载荷）的情况下，期望的用户面延迟不超过 5ms。

1.1.2.5 用户吞吐量

下行链路：在 5% CDF（累计分布函数）处的每兆赫用户吞吐量应达到 R6 HSDPA 的 2～3 倍；LTE（2 发 2 收）每兆赫平均用户吞吐量应达到 R6 HSDPA（1 发 1 收）的 3～4 倍。

上行链路：在 5% CDF 处的每兆赫用户吞吐量应达到 R6 HSUPA 的 2～3 倍；LTE（1 发 2 收）每兆赫平均用户吞吐量应达到 R6 HSUPA（1 发 2 收）的 2～3 倍。

1.1.2.6 频谱效率

下行链路：在一个有效负荷的网络中，LTE（2 发 2 收）频谱效率（用每站址、每赫、每秒的比特数衡量）的目标是 R6 HSDPA（1 发 1 收）的 3～4 倍。

上行链路：在一个有效负荷的网络中，LTE 频谱效率（1 发 2 收）（用每站址、每赫、每秒的比特数衡量）的目标是 R6 HSUPA（1 发 2 收）的 2～3 倍。

1.1.2.7 移动性

E-UTRAN 能为低速移动（0～15km/h）的移动用户提供最优的网络性能，能为以 15～120km/h 速率移动的移动用户提供高性能的服务，对以 120～350km/h（在某些频段下，甚至可以达到 500km/h）速率移动的移动用户能够保持蜂窝网络的移动性。

在 R6 CS 域提供的语音和其他实时业务在 E-UTRAN 中将通过 PS 域支持，这些业务应该在各种移动速度下都达到或者高于 UTRAN 的服务质量。E-UTRA 系统内切换造成的中断时间应等于或者小于 GERAN CS 域的切换时间。

超过 250km/h 的移动速度是一种特殊情况（如高速列车环境），E-UTRAN 的物理层参数设计应该在最高 350km/h 的移动速度（在某些频段下，甚至应该支持 500km/h）下保持用户和网络的连接。

1.1.2.8 覆盖

E-UTRA 系统应该能在重用目前 UTRAN 站点和载频的基础上灵活地支持各种覆盖场景，实现用户吞吐量、频谱效率和移动性等性能指标。

E-UTRA 系统在不同覆盖范围内的性能要求如下。

（1）覆盖半径在 5km 内：用户吞吐量、频谱效率和移动性等性能指标必须完全满足。

（2）覆盖半径在 30km 内：用户吞吐量指标可以略有下降；频谱效率指标可以下降，但仍在可接受范围内；移动性指标仍应完全满足。

（3）覆盖半径最大可达 100km。

1.1.2.9 频谱灵活性

频谱灵活性一方面是指支持不同大小的频谱分配，譬如 E-UTRA 可以在不同大小的频谱中部署，包括 1.4MHz、3MHz、5MHz、10MHz、15MHz 以及 20MHz，支持成对和非成对频谱。

频谱灵活性另一方面是指支持不同频谱资源的整合（diverse spectrum arrangements）。

1.1.2.10 与现有 3GPP 系统的共存和互操作

E-UTRA 与其他 3GPP 系统的互操作需求包括但不仅限于以下几个方面。

（1）E-UTRAN 和 UTRAN/GERAN 多模终端支持对 UTRAN/GERAN 系统的测量，并支持 E-UTRAN 系统和 UTRAN/GERAN 系统之间的切换。

（2）E-UTRAN 应有效支持系统间测量。

（3）对于实时业务，E-UTRAN 和 UTRAN 之间的切换中断时间应小于 300ms。

（4）对于非实时业务，E-UTRAN 和 UTRAN 之间的切换中断时间应小于 500ms。

（5）对于实时业务，E-UTRAN 和 GERAN 之间的切换中断时间应小于 300ms。

（6）对于非实时业务，E-UTRAN 和 GERAN 之间的切换中断时间应小于 500ms。

（7）处于非激活状态（类似 R6 Idle 模式或 Cell_PCH 状态）的多模终端，只需监测 GERAN、UTRA 或 E-UTRA 中一个系统的寻呼信息。

1.1.2.11 取消 CS 域

取消原有 CS（电路交换）域，EPC 成为移动通信业务的基本承载网络。原有短信、语音等传统的电路域业务将借助 VoLTE 模式承载，也可以采用 CSFB（CS Fall Back）等方案依旧使用电路域来承载。

1.1.3 频谱介绍

E-UTRA 的频谱划分如表 1-1 所示。

表 1-1 E-UTRA 的频谱划分

E-UTRA 工作频段	Uplink (UL) 工作频段 BS 接收/UE 发送	Downlink (DL) 工作频段 BS 接收/UE 发送	双工模式
	F_{UL_low} – F_{UL_high}	F_{DL_low} – F_{DL_high}	
1	1 920MHz – 1 980MHz	2 110MHz – 2 170MHz	FDD
2	1 850MHz – 1 910MHz	1 930MHz – 1 990MHz	FDD
3	1 710MHz – 1 785MHz	1 805MHz – 1 880MHz	FDD

续表

E-UTRA 工作频段	Uplink (UL) 工作频段 BS 接收/UE 发送	Downlink (DL) 工作频段 BS 接收/UE 发送	双工模式
	F_{UL_low} – F_{UL_high}	F_{DL_low} – F_{DL_high}	
4	1 710MHz – 1 755MHz	2 110MHz – 2 155MHz	FDD
5	824MHz – 849MHz	869MHz – 894MHz	FDD
6	830MHz – 840MHz	875MHz – 885MHz	FDD
7	2 500MHz – 2 570MHz	2 620MHz – 2 690MHz	FDD
8	880MHz – 915MHz	925MHz – 960MHz	FDD
9	1 749.9MHz – 1 784.9MHz	1 844.9MHz – 1 879.9MHz	FDD
10	1 710MHz – 1 770MHz	2 110MHz – 2 170MHz	FDD
11	1 427.9MHz – 1 452.9MHz	1 475.9MHz – 1 500.9MHz	FDD
12	698MHz – 716MHz	728MHz – 746MHz	FDD
13	777MHz – 787MHz	746MHz – 756MHz	FDD
14	788MHz – 798MHz	758MHz – 768MHz	FDD
…			
17	704MHz – 716MHz	734MHz – 746MHz	FDD
…			
33	1 900MHz – 1 920MHz	1 900MHz – 1 920MHz	TDD
34	2 010MHz – 2 025MHz	2 010MHz – 2 025MHz	TDD
35	1 850MHz – 1 910MHz	1 850MHz – 1 910MHz	TDD
36	1 930MHz – 1 990MHz	1 930MHz – 1 990MHz	TDD
37	1 910MHz – 1 930MHz	1 910MHz – 1 930MHz	TDD
38	2 570MHz – 2 620MHz	2 570MHz – 2 620MHz	TDD
39	1 880MHz – 1 920MHz	1 880MHz – 1 920MHz	TDD
40	2 300MHz – 2 400MHz	2 300MHz – 2 400MHz	TDD
新增	2 500MHz – 2 690MHz	2 500MHz – 2 690MHz	TDD

1.1.3.1　国际LTE频谱划分概述

在ITU的频率建议中，分别为FDD-LTE和TD-LTE进行了规划。

FDD-LTE的频段比较分散，既有传统2G、3G回收的700/800MHz频段，也有4G新频段，包括1.7/1.8/1.9GHz，2.1GHz等共15个对称频段。

TD-LTE的频率集中在1.8/1.9GHz，2.1/2.3/2.6GHz等共9个频段。

1.1.3.2　LTE频点号

频点号是根据一定的频率间隔对频率进行编号。

在LTE的频点号规则中，每100kHz对应一个频点号，频点号与频率之间不再是直接对应关系，而是增加了一个偏置（起始值）。其中FDD-LTE的频点号范围为0～35 999，TD-LTE的频点号范围为36 000～65 531。

3GPP对于LTE的各频段和对应的频点号起始定义了详细的列表。表1-2给出了其中 TD-LTE 的主要频段以及频点号范围之间的简要对应关系。比如，D 频段（Band38），查表 1-2，频率起始值为 2 570MHz，频点号起始值为 37 750。组网示例：选取 2 590～2 610MHz 频段，20MHz 带宽组网，即中心频率为 2 600MHz，对应频点号为 38 050。

表 1-2 TDD LTE 频段示意

波段	频段/MHz	频点号范围
33（A 频段）	1 900-1 920	36 000-36 199
34（A 频段）	2 010-2 025	36 200-36 349
35（B 频段）	1 820-1 920	36 350-36 949
36（B 频段）	1 930-1 990	36 950-37 549
37（C 频段）	1 910-1 930	37 550-37 749
38（D 频段）	2 570-2 620	37 750-38 249
39（F 频段）	1 880-1 920	38 250-38 649
40（E 频段）	2 300-2 400	38 650-39 649

1.1.4 LTE 标准与国际组织

3GPP 从 2004 年年底立项启动 LTE 的技术研究和规范制定。目前 LTE 标准规范的版本计划为 Release 8～Release 13。每个 Release 文件中都详细记录了该版本需要完成的功能列表，以及各项功能任务从启动研究到完成相关标准规范制定的工作时间计划表。

3GPP 正逐渐完善 R8 的 LTE 标准：2008 年 12 月 R8 LTE RAN1 冻结，2008 年 12 月 R8 LTE RAN2、RAN3、RAN4 完成功能冻结，2009 年 3 月 R8 LTE 标准完成。此协议的完成能够满足 LTE 系统首次商用的基本功能。

3GPP 于 2004 年 12 月开始 LTE 相关的标准工作。LTE 是关于 UTRAN 和 UTRA 改进的项目。

3GPP 标准的制定分为提出需求、制定结构、详细实现、测试验证 4 个阶段。

3GPP 以工作组的方式工作，与 LTE 直接相关的是 RAN1/2/3/4/5 工作组。

3GPP（第三代合作计划）于 2004 年启动 LTE 计划，主要负责技术标准研究和技术规范制定。目前，组织伙伴包括欧洲的 ARIB、日本的 TTC、韩国的 TTA、美国的 T1 以及中国的 CWTS。

3GPP 组织包括项目合作组 PCG（Project Cooperation Group）和技术规范组 TSG（Technology Standards Group）。在 LTE/SAE 标准制定方面，包含 4 个 TSG 组：

（1）GERAN（GSM EDGE Radio Access Network）负责 GSM EDGE 无线接入网方面；（2）RAN（Radio Access Network）负责无线接入网方面；（3）SA（Service and System Aspects）负责系统和业务方面；（4）CT（Core Network and Terminal）负责核心网和终端。

每一个 TSG 又进一步分为多个不同的工作组（WG，Work Group），每个 WG 分别承担具体的任务。例如，工作组 RAN WG1 主要负责物理层的协议制定，RAN WG2 负责 Radio Layer 2 和 Layer 3 的协议，RAN WG3 负责接口协议，RAN WG4 负责无线性能，RAN WG5 负责终端一致性测试。3GPP 标准组织与制定阶段如图 1-2 所示。

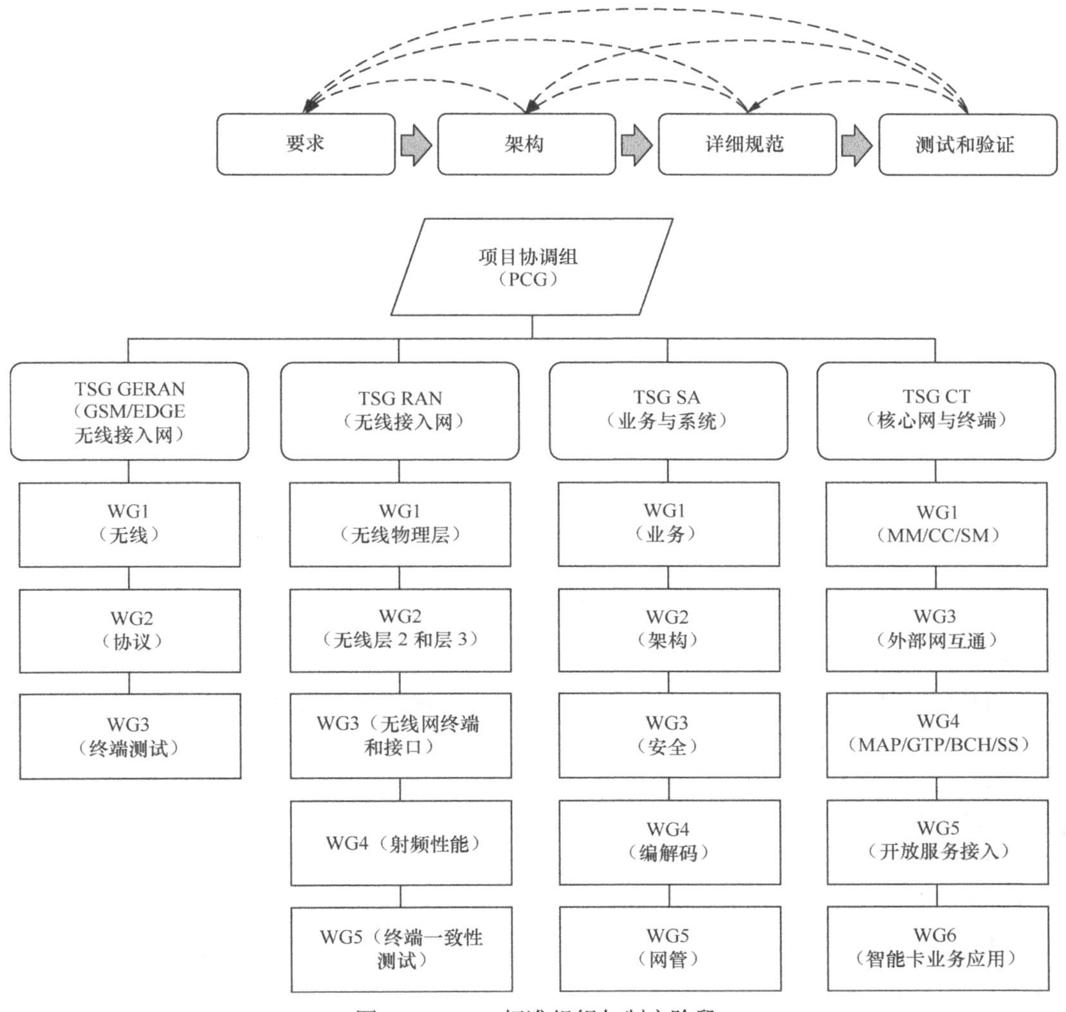

图 1-2　3GPP 标准组织与制定阶段

1.2 LTE 网络架构

1.2.1 LTE 网络架构概述

LTE 采用与 2G、3G 均不同的空中接口技术，即基于 OFDM 技术的空中接口技术，并对传统 3G 的网络架构进行了优化，采用扁平化的网络架构，亦即接入网 E-UTRAN 不再包含 RNC，仅包含节点 eNB，提供 E-UTRA 用户面 PDCP/RLC/MAC/物理层协议的功能和控制面 RRC 协议的功能。E-UTRAN 的系统结构如图 1-3 所示。

eNB 之间由 X2 接口互连，每个 eNB 又与演进型分组核心网（EPC）通过 S1 接口相连。S1 接口的用户面终止在服务网关 S-GW 上，S1 接口的控制面终止在移动性管理实体 MME

上。控制面和用户面的另一端终止在 eNB 上。图 1-3 中各网元节点的功能划分如下。

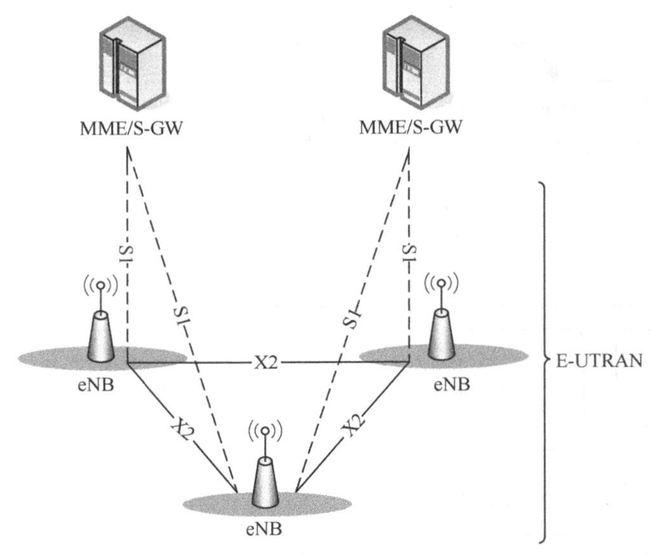

图 1-3　E-UTRAN 的系统结构

- eNB 功能

LTE 的 eNB 除了具有原来 NodeB 的功能外，还承担了原来 RNC 的大部分功能，包括物理层功能、MAC 层功能（包括 HARQ）、RLC 层（包括 ARQ）功能、PDCP 功能、RRC 功能（包括无线资源控制）、调度、无线接入许可控制、接入移动性管理以及小区间的无线资源管理功能等。

无线资源管理包括无线承载控制、无线接纳控制、连接移动性控制、上下行链路的动态资源分配（即调度）等功能。即：IP 头压缩和用户数据流的加密；当从提供给 UE 的信息中无法获知到 MME 的路由信息时，选择 UE 附着的 MME；路由用户面数据到 S-GW；调度和传输从 MME 发起的寻呼消息；调度和传输从 MME 或 O&M 发起的广播信息；用于移动性和调度的测量、测量上报的配置调度以及传输从 MME 发起的 ETWS（即地震和海啸预警系统）消息等。

- MME 功能

MME 是 SAE 的控制核心，主要负责用户接入控制、业务承载控制、寻呼、切换控制等控制信令的处理。

MME 功能与网关功能分离，这种控制平面/用户平面分离的架构，有助于网络部署、单个技术的演进以及全面灵活的扩容。功能包括 NAS 信令、NAS 信令安全、AS 安全控制、3GPP 无线网络的网间移动信令、Idle 状态 UE 的可达性（包括寻呼信号重传的控制和执行）、跟踪区列表管理、P-GW 和 S-GW 的选择、切换中需要改变 MME 时的 MME 选择、切换到 2G 或 3G 网络时的 SGSN 选择、漫游、鉴权、包括专用承载建立的承载管理功能、支持 ETWS 信号传输等。

- S-GW 功能

S-GW 作为本地基站切换时的锚定点，主要负责在基站和公共数据网关之间传输数据信息、为下行数据包提供缓存、基于用户的计费等功能。

● PDN 网关（P-GW）功能

公共数据网关 P-GW 作为数据承载的锚定点，提供包转发、包解析、合法监听、基于业务的计费、业务的 QoS 控制等功能，并负责和非 3GPP 网络间的互联。

从图 1-3 中可见，新的 LTE 架构中没有了原有的 Iu 和 Iub 以及 Iur 接口，取而代之的是新接口 S1 和 X2。

E-UTRAN 和 EPC 之间的功能划分可以用 LTE 在 S1 接口的协议栈结构图来描述，如图 1-4 所示。在图中，浅灰色框内为逻辑节点，白色框内为控制面功能实体，深灰色框内为无线协议层。

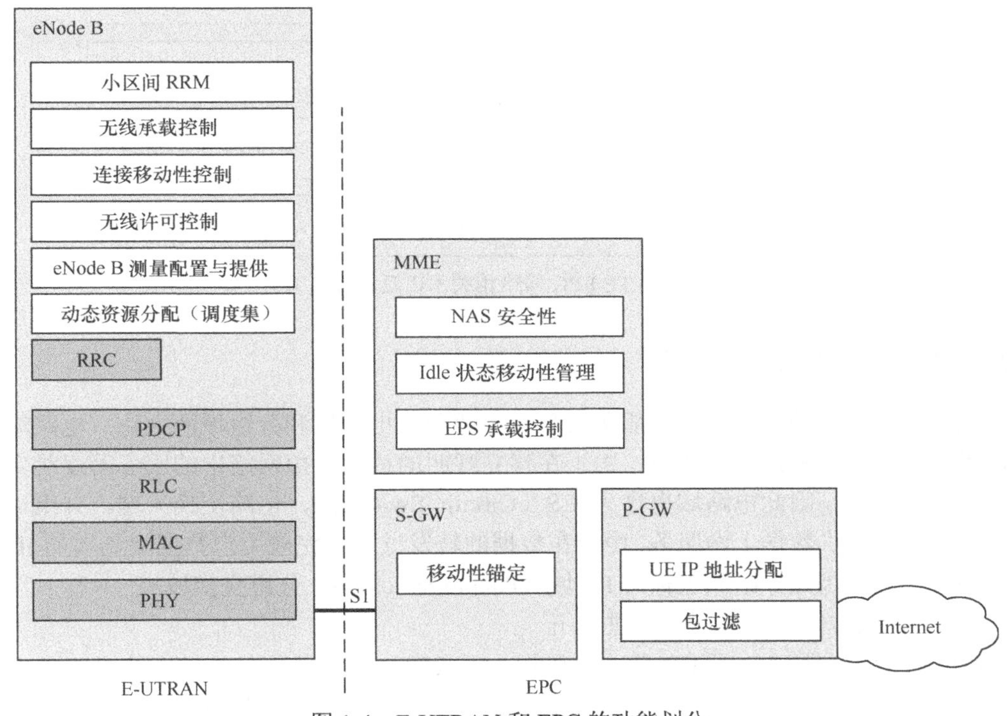

图 1-4　E-UTRAN 和 EPC 的功能划分

1.2.2　什么是 EPC

LTE 作为 3G 技术的演进方向，已经成为全球主流移动运营商移动网络演进的目标。3GPP 在 2004 年 R8 版本的标准中研究了 LTE 技术，接着提出了完整的新一代网络演进架构 EPS（演进的分组系统）。EPS 的目标是制定一个具有高数据率、低时延、高安全性和 QoS 保障，以数据分组化、支持多种无线接入技术为特征的系统框架结构。EPS 系统由 LTE 和 EPC（演进的分组核心网）组成，其中 LTE 代表演进的无线网络技术，EPC 是一个新的核心网架构，是 2G/3G 核心网分组域的演进方向。

3GPP 组织中，LTE 项目定义了演进的无线接入网络的所有技术标准，而研究制定核心网系统架构演进的项目命名为 SAE（系统架构演进）。为与 3GPP 现有 2G 时代的无线接入网络 GERAN、3G 时代的无线接入网络 UTRAN 有所区别，4G 时代由 LTE 项目定义的无线接入网称为 E-UTRAN。SAE 项目制定了与 E-UTRAN 匹配、基于全 IP 技术构建的演进的分组域核心网（EPC）相关规范。如上面提到的，表示这样一个端到端的移动通信网络，通常将 EPC 和 E-UTRAN 合称为 EPS。这里应该注意，LTE 和 SAE 是 3GPP 的项目名称，而 EPC 和 E-UTRAN 则是网络的名称，通常情况下认为 LTE 和 E-UTRAN 两个术语是等价的。图 1-5 列出了常见的专业术语及相互关系。

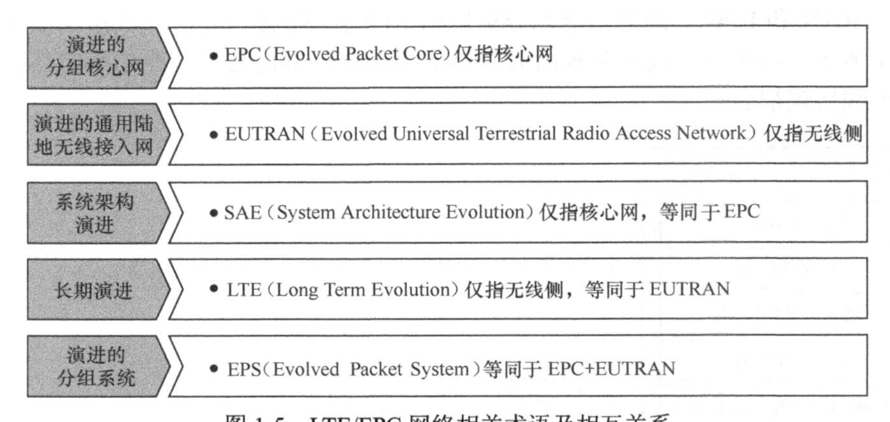

图 1-5　LTE/EPC 网络相关术语及相互关系

1.2.3　EPC 网络的演进过程

从移动运营商的业务网络及服务类型看主要分成电路域和分组域两大块。电路域为终端用户提供语音及短消息业务，由于在建立呼叫的过程中由网络中的服务器逐跳完成话务的共同接续，因此电路域也称为 CS（Circuit Switching，电路交换）域。分组域则是为终端用户提供数据上网服务，由于在数据的转发过程中完成用户数据端到端的 IP 报文封装与转发，因此分组域也称为 PS 域（Packte Swiching，分组交换域）。

3GPP 各版本针对核心网的演进如下。

R99 阶段：这是 3G 标准的第一个阶段，于 2000 年 3 月发布。延续了 GSM/GPRS 系统的核心网系统结构，即分为电路域和分组域，分别处理语音和数据业务。

R4 阶段：于 2001 年 3 月发布。R4 在 R99 基础上引入了软交换的思想，将 MSC 的承载与控制功能分离，即呼叫控制与移动性管理功能由 MSC Server 承担，语音传输承载和媒体转换功能由 MGW 完成。

R5 阶段：于 2002 年 6 月发布。为了能够在 IP 平台上支持丰富的移动多媒体业务，R5 版本引入了基于 SIP 的 IP 多媒体子系统，即 IMS。同时，R5 引入了 Flex 技术（就是 POOL 技术，如 MSC in POOL/SGSN in POOL），突破了一个 RNC 只能连接一个 MSC 或 SGSN 的限定，即允许一个 RNC 同时连接至多个 MSC 或 SGSN 实体。在业务方面，R5 版本增加了支持 SIP 业务的功能，如 VoIP 语音、定位、即时消息、在线游戏以及多媒体邮件等。

R6 阶段：于 2004 年 12 月发布。对核心网系统架构未做大的改动，主要是对 IMS 技术进行了功能增强，尤其是对 IMS 与其他系统的互操作能力进行了完善，如 IMS 和外部 IMS，与 CS、与 WLAN 之间的互通等，并引入了策略控制功能实体 PCRF 作为 QoS

规则控制实体。在业务方面，增加了对广播多播业务（MBMS）的支持；针对 IMS 业务，如 Presence、多媒体会议、Push、PoC 等业务进行了定义和完善。

R7 阶段：于 2007 年 3 月发布。继续对 IMS 技术进行了增强，提出了语音连续性（VCC）、CS 域与 IMS 域融合业务（CSI）等课题，在安全性方面引入了 Early IMS 技术，以解决 2G 卡接入 IMS 网络的问题。提出了策略控制和计费的新架构，但 R7 版本的 PCC 是一个不可商用的版本。在业务方面，R7 对组播业务、IMS 多媒体电话、紧急呼叫等业务进行了严格定义，使整个系统的业务能力进一步丰富。

R8 阶段：于 2009 年 3 月发布，是 LTE 的第一个版本。迫于 WiMAX 等移动通信技术的竞争压力，为继续保证 3GPP 系统在未来 10 年内的竞争优势，3GPP 标准组织在 R8 阶段正式启动了 LTE 和 SAE（系统架构演进）两个重要项目的标准制定工作。R8 阶段重点针对 LTE/SAE 网络的系统架构、无线传输关键技术、接口协议与功能、基本消息流程、系统安全等方面进行了细致的研究和标准化。在无线接入网方面，将系统的峰值数据速率提高至下行 100Mbit/s、上行 50Mbit/s；在核心网方面，引入了全新的纯分组域核心网系统架构，并支持多种非 3GPP 接入网技术接入该统一的核心网。另外，R8 还对 IMS 技术进行了增强，提出了 Common IMS 课题，并重点解决 3GPP 与 3GPP2、TISPAN 等几个标准化组织之间的 IMS 技术的融合和统一。

表 1-3 给出了 3GPP 规范中关于电路域的演进过程及主要变化。

表 1-3　3GPP 电路域的演进过程及主要变化

3GPP 规范版本	发布时间	主要变化和内容	商用情况
R99	2000 年	第一个 3G 版本，引入了 UTRAN	为 3G 网络过渡方案
R4	2001 年	电路域引入了软交换，将 MSC 拆分成 MSC 服务器和媒体网关，实现了承载和控制的分离	第一个 3G 的商用版本，现网大量采用
R5	2002 年	实现了接入网 A 接口和 Gb 接口的 IP 化，核心网引入了 IMS 域，同时引入容灾的 Iu-Flex 技术（即电路域的 MSC 池和分组域的 SGSN 池）	全 IP 网络，但 R5 阶段的 IMS 网络系统仍然不足以商用
R6	2004 年	对 IMS 功能增强，提出了流计算及 MBMS 技术	是第一个可以商用的 IMS 版本
R7	2007 年	无线接入网方面，主要进行了 HSPA 的增强与演进（HSPA+），核心网方面，R7 版本继续对 IMS 技术进行了增强，提出了语音连续性（VCC）、CS 域与 IMS 域融合业务（CSI）等业务	相对成熟的 IMS 版本
R8	2009 年	3GPP 标准组织在 R8 阶段正式启动了长期演进（LTE）与系统架构演进（SAE）两大重要项目的标准制定工作	LTE 第一个商用版本

从表 1-3 中可以看出，目前现网中的电路域仍然大量采用 2001 年制定的 3GPP R4 方案，部分现网电路域网元升级到 2002 年制定的 3GPP R5 标准电路域。除此以外，电路域现网中还大量部署了 MSC 池组技术来实现冗余。但从架构上看，从 3GPP R5 至今，电路域并没有大的变化。

4G 核心网取消了 CS 域，仅保留分组域。EPC 网络是从 2G/3G 分组域平滑演进而来的，分组域架构从 3GPP R99 规范开始直至演进到 EPC 网络之前，历经近十年不变。图 1-6 的 3GPP 分组域架构演进展示了分组域自 3GPP R99 以来在网络架构上的演进及变化。

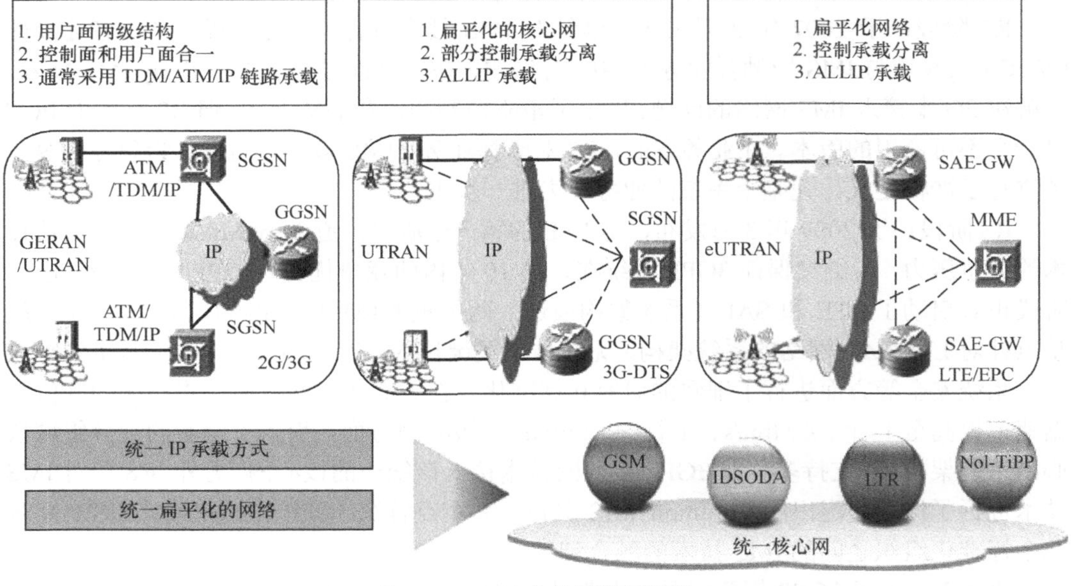

图 1-6　3GPP 分组域架构演进

从图 1-6 可以看出，在 3GPP R7 的 2G/3G 核心网分组域中，分组域网络中控制面和用户面没有分离。作为控制面信令处理网元 SGSN（Serving GPRS Support Node，服务 GPRS 支持节点）同时处理用户平面的数据流量。用户数据处理经过“NodeB→RNC→GGSN→GGSN→外部数据网”4 个节点，数据每经过一个节点都需要经过拆包再重新打包。这种结构既增加成本又增加时延。

作为一项改进，在 HSPA R7 阶段，3GPP 提出了针对性的 DT（直接隧道）技术解决方案，即 SGSN 只负责控制面平面的信令处理，用户平面增加 NodeB 通过 RNC 经直接隧道连接 GGSN 的通道。在 Flat HSPA+R7 中，取消 RNC，将部分 RNC 的功能直接融入基站，NodeB 基站经直接隧道连接 GGSN。这个阶段，用户数据仅需要经过两跳处理。但由于网络改造复杂，并不是所有运营商都采纳了 3GPP R7 规范组网。

分组域网络演进的下一个规范是 3GPP R8。同时，3GPP R8 也是 LTE 和 EPC 的第一个正式规范。在 EPC 网络中，传统的 SGSN 控制面和用户面功能分离，其中，控制面功能由一个新网元 MME（Mobility Management Entity，移动性管理实体）来完成，原 SGSN 的用户面功能由 SGW（Serving Gateway，服务网关）来完成。原 GGSN 的功能保留，由 PGW（Packet Data Network Gateway，分组数据网络网关）完成。EPC 网络架构继承 DT 思路，省去了传统的基站控制器（RNC，BSC），基站控制器的大部分功能转移到基站 eNodeB 实现，核心网侧最少只需 SAE-GW（即将 SGW 和 PGW 合一）一个网元实现用户面处理。原来的 4 级架构演变为“eNodeB→SAE-GW→外部数据网”，体现了扁平化的演进思路。

根据以上对分组域网络架构的演进与变化过程，可以将 EPC 网络的特点总结如下。

（1）核心网中不再有电路域，EPC 成为移动电信业务的基本承载网络。

（2）承载全 IP 化。

在 2G/3G 分组域中，Gr、Iu-Ps 接口有多种不同的承载方式，2G/3G 核心网分组域与无线接入网之间是多种承载方式并存的，即 TDM/ATM/IP 同时存在。LTE/EPC 阶段，网络结构将全 IP 化，即用 IP 完全取代传统 ATM 及 TDM。

（3）扁平化架构，减少了端到端的延迟。

3GPP 将无线侧及核心网的相关网元功能进行合并。其中，将 UTRAN 网络中 NodeB 和 RNC 的功能进行了合并，由一个新网元 eNodeB 实现。而在 EPC 核心网，用户面处理网元 SGW 和 PGW 均为网关产品，产品架构相似，因此主流厂商均支持将 SGW 和 PGW 在硬件上合设，合设之后称为 SAE-GW（System Architecture Evolution Gateway，系统架构演进网关）。因此，用户在使用数据业务时，数据流经过 LTE/EPC 网络时只要经过 eNodeB 和 SAE-GW 两个节点，如图 1-3 所示。这样减少了设备处理所带来的延迟，提升了用户体验。

（4）控制面与用户面分离。

由于 EPC 网络对传统 SGSN 的功能进行了拆分，这使得运营商在网络部署时更加灵活，并且由于用户面网关可以实现分布式部署，大大减少了用户上网的延迟。

图 1-7 描述了一个 A 省 B 市用户通过 LTE/EPC 网络上网的信令路径和数据路径。用户位于 A 省的 B 市，如需上网，只有控制面的信令需要通过集中部署于 A 省省会的 MME 进行处理，所有的用户面流量均直接通过位于 B 市本地的 eNodeB、SGW、PGW 转发，极大地降低了用户数据流量的转发延迟。

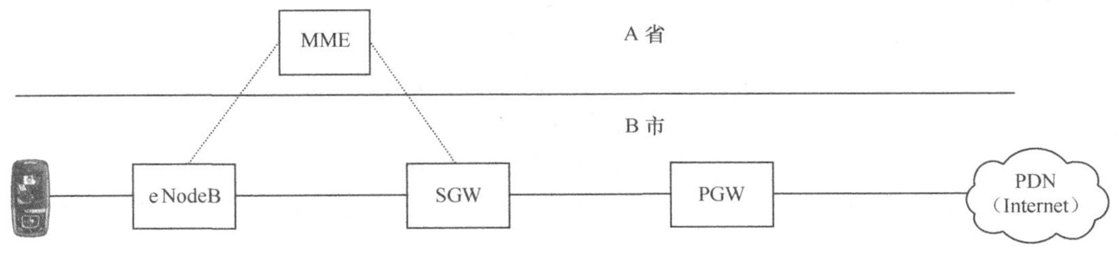

图 1-7　EPC 数据流转发路径

1.2.4　EPC 网络架构

EPC 系统能够支持多种接入技术，既能和现有 3GPP 2G/3G 系统进行互通，也能支持 Non-3GPP 网络（例如 WLAN、CDMA、Wimax）的接入。从技术发展和网络建设来看，LTE/EPC 网络在现网中的部署将是一个渐进的过程，必将有与 2G/3G 网络并存的阶段，而且在 LTE 网络建设初期，需通过现有 2G/3G 网络来弥补其覆盖范围有限的问题，使 LTE 用户在无 LTE 覆盖的区域内仍能接入 2G/3G 网络，继续使用业务，保证业务的连接性，因此 2G、3G、4G 网络在相当一段时期将共同存在。EPC 网络架构如图 1-8 所示。

EPC 核心网主要由移动性管理设备（MME）、服务网关（S-GW）、分组数据网关（P-GW）及存储签约信息的 HSS 和策略控制单元（PCRF）等组成，其中 S-GW 和 P-GW 在逻辑上分设，物理上可以合设也可以分设。主要网元功能如下。

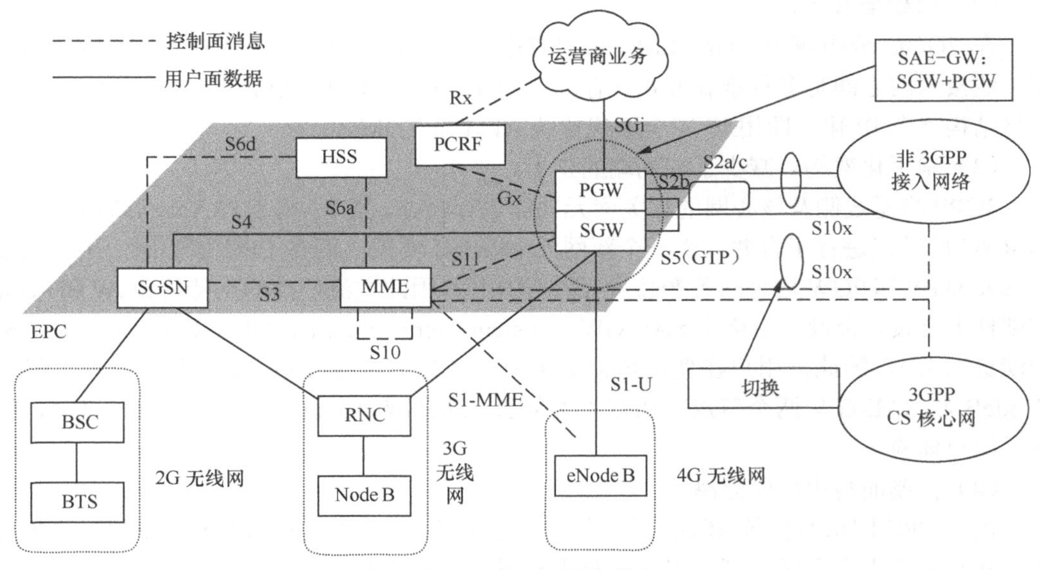

图 1-8 EPC 网络架构

（1）MME（Mobility Management Entity，移动管理实体）：MME 为控制面功能实体，临时存储用户数据的服务器，负责管理和存储 UE 相关信息，比如 UE 用户标识、移动性管理状态、用户安全参数，为用户分配临时标识。当 UE 驻留在该跟踪区域或者该网络时负责对该用户进行鉴权，处理 MME 和 UE 之间的所有非接入层消息。

（2）SGW（Serving Gateway，服务网关）：SGW 为用户面实体，负责用户面数据路由处理，终结处于空闲状态的 UE（用户终端设备）的下行数据，管理和存储 UE 的承载信息，比如 IP 承载业务参数和网络内部路由信息。

（3）PGW（PDN Gateway，分组数据网网关）：PGW 是负责 UE 接入 PDN 的网关，分配用户 IP 地址，同时是 3GPP 和非 3GPP 接入系统的移动性锚点。用户在同一时刻能够接入多个 PDN GW。

（4）HSS（Home Subscriber Server，归属用户服务器）：HSS 存储并管理用户签约数据，包括用户鉴权信息、位置信息及路由信息。

（5）PCRF（Policy and Charging Rule Functionality，策略和计费规则功能实体）：PCRF 功能实体主要根据业务信息、用户签约信息以及运营商的配置信息产生控制用户数据传递的 QoS（Quality of Service，服务质量）规则以及计费规则。该功能实体也可以控制接入网中承载的建立和释放。

EPC 架构中各功能实体间的接口协议均采用基于 IP 的协议，部分接口协议是由 2G/3G 分组域标准演进而来，部分是新增协议，如 MME 与 HSS 间 S6a 接口的 Diameter 协议等。详细介绍可以参考第 1.6 节“LTE/EPC 接口与协议”部分。

如果仅提供最基本的终端上网功能，不考虑与 2G/3G 网络的互操作，只需要建设图 1-9 给出的基本的 EPC 网络架构。4G 全网仿真软件所涉及的核心网就是基于基本的 EPC 架构的。

从图 1-9 中可以看出，在基本的 EPC 网络架构中，无线部分只涉及一个网元 eNodeB，核心网的网元包括 MME、SGW、PGW 以及 HSS。

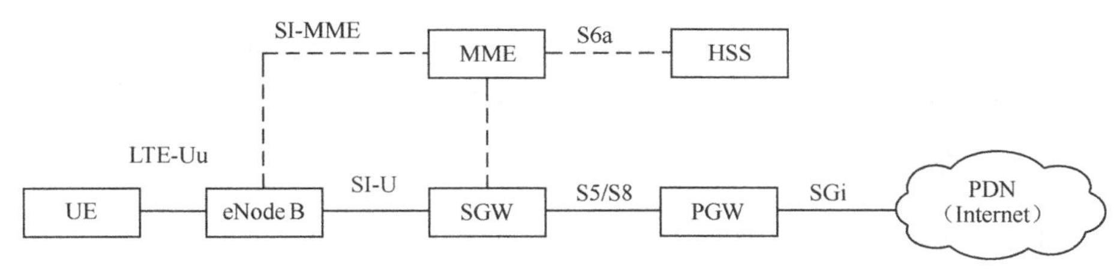

图 1-9　基本的 EPC 网络架构

每个 eNodeB 都会通过 S1-MME 逻辑接口连接到 MME，MME 需要处理 EPC 相关的控制面的信令消息，包括对用户的移动性管理消息、安全管理消息等。MME 还需要基于终端用户的签约数据对用户进行管理。出于此目的，MME 需要通过 S6a 接口从 HSS 获取用户的签约信息。

MME 和 SGW 之间控制平面的信令则通过 S11 逻辑接口交互，通过该接口，MME 可以和 SGW 一起完成 EPS 承载的建立并维护其状态。

从上行用户流量在 EPS 系统中的处理过程看，eNodeB 作为 LTE 网络中唯一的无线侧网元，将用户的数据发送到 SGW。SGW 负责终结 S1-U 接口的用户 IP 报文，并通过 S5/S8 接口发送给 PGW。PGW 通过 SGi 口连接到外部 PDN 网络。PGW 在此扮演 EPC 网络和 PDN 网关之间网关的角色。因此 PGW 需要为终端用户分配 IP 地址，执行安全过滤，并基于用户的请求找到匹配的 PDN 网络，完成用户数据的路由转发。

1.3　无线协议结构

1.3.1　控制面协议结构

控制面协议结构如图 1-10 所示。

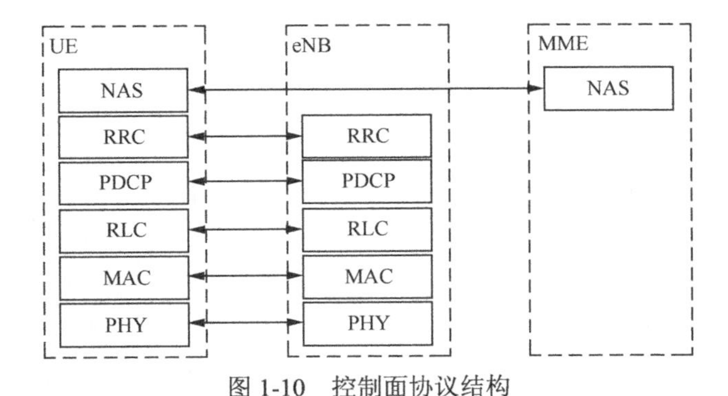

图 1-10　控制面协议结构

PDCP 在网络侧终止于 eNB，需要完成控制面的加密、完整性保护等功能。

RLC 和 MAC 在网络侧终止于 eNB，在用户面和控制面执行的功能没有区别。

RRC 在网络侧终止于 eNB，主要实现广播、寻呼、RRC 连接管理、RB 控制、移动性功能、UE 的测量上报和控制功能。

NAS 控制协议在网络侧终止于 MME，主要实现 EPS 承载管理、鉴权、ECM（EPS 连接性管理）Idle 状态下的移动性处理、ECM Idle 状态下发起寻呼、安全控制功能。

1.3.2 用户面协议结构

用户面协议结构如图 1-11 所示。

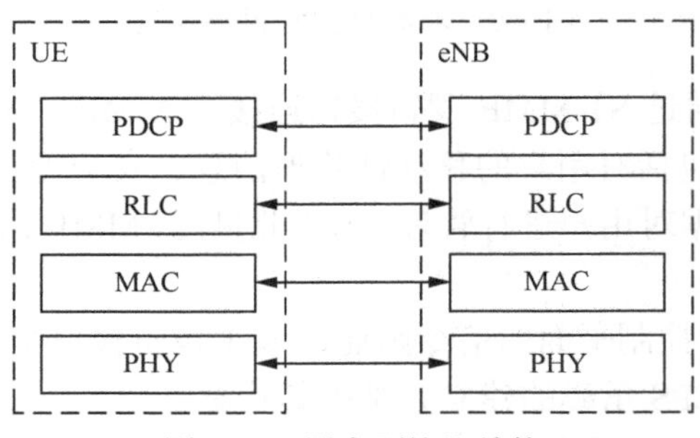

图 1-11 用户面协议结构

用户面 PDCP、RLC、MAC 在网络侧均终止于 eNB，主要实现头压缩、加密、调度、ARQ 和 HARQ 功能。

1.3.3 S1 接口架构

与 2G、3G 架构不同，LTE 新增了 S1 和 X2 接口。

S1 接口定义为 E-UTRAN 和 EPC 之间的接口。S1 接口包括控制面 S1-MME 接口和用户面 S1-U 接口两部分。S1-MME 接口定义为 eNB 和 MME 之间的接口；S1-U 定义为 eNB 和 S-GW 之间的接口。图 1-12 所示为 S1-MME、图 1-13 所示为 S1-U 接口的协议栈结构。

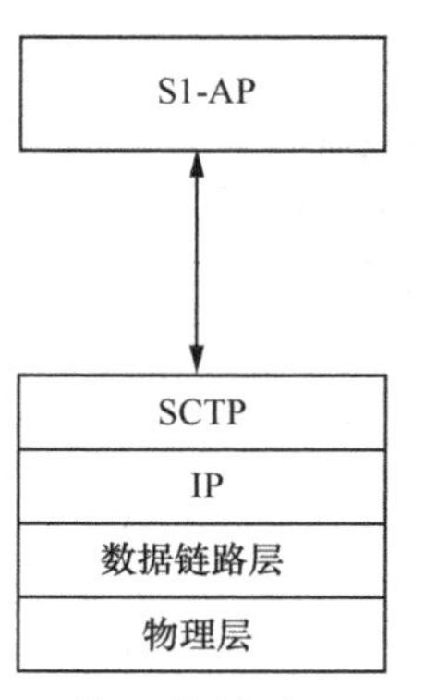

图 1-12 S1 接口控制面（eNB-MME）

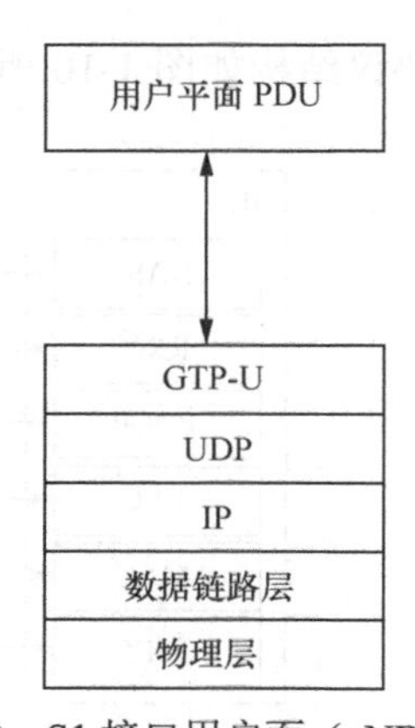

图 1-13 S1 接口用户面（eNB-S-GW）

S1 接口的信令过程有 E-RAB 信令过程、切换信令过程、寻呼过程、NAS 传输过程、错误指示过程、复位过程、初始上下文建立过程、UE 上下文修改过程、S1 建立过程、

eNB 配置更新过程、MME 配置更新过程、位置上报过程、过载启动过程、过载停止过程、写置换预警过程、直传信息转移过程等。

1.3.4　X2 接口架构

X2 接口定义为各个 eNB 之间的接口。X2 接口包含 X2-CP 和 X2-U 两部分，X2-CP 是各个 eNB 之间的控制面接口，X2-U 是各个 eNB 之间的用户面接口。图 1-14 和图 1-15 所示分别为 X2-CP 和 X2-U 接口的协议栈结构。

X2-AP
SCTP
IP
数据链路层
物理层

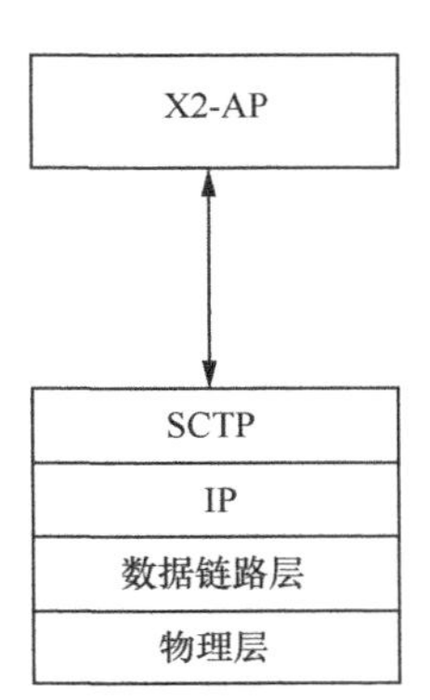

图 1-14　X2 接口控制面的协议栈结构

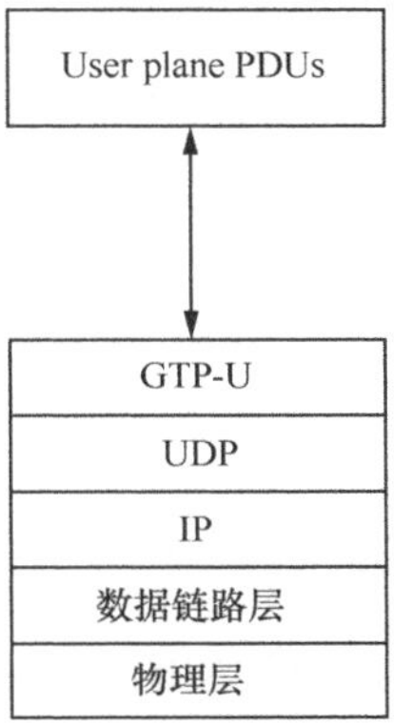

User plane PDUs
GTP-U
UDP
IP
数据链路层
物理层

图 1-15　X2 接口用户面的协议栈结构

X2-CP 接口的信令过程包括有切换准备、切换取消、UE 上下文释放、错误指示、负载管理。

小区间负载管理通过 X2 接口来实现。

LOAD INDICATOR 消息用作 eNB 间的负载状态通信，如图 1-16 所示。

eNB
eNB
[X2 AP]LOAD INDICATOR

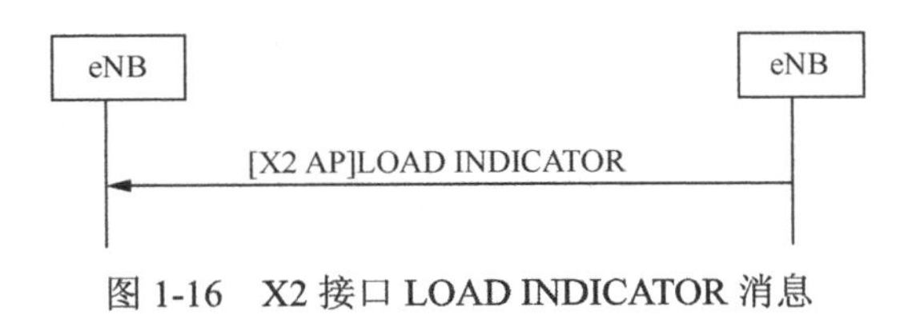

图 1-16　X2 接口 LOAD INDICATOR 消息

1.4　空口物理层规范

无线空中接口（Uu 空口）主要是指 UE 和 E-UTRAN 间的接口，协议栈分为层 1、层 2 和层 3 三层结构，同时独立承载用户面数据和控制面数据。

层 2：主要是指物理层（PHY），采用多址技术，通过信道编码和基本物理层过程，完成传输信道和物理信道之间的映射，向空口接收和发送无线数据。

层 1：包括 MAC（Media Access Control，媒体接入控制）、RLC（Radio Link Control，无线链路控制）和 PDCP（Packet Data Convergence Protocol，分组数据汇聚协议）等子层。

层 3：在控制面协议栈结构中包含 RRC（Radio Resource Control）和 NAS 子层。

无线空口物理层结构如图 1-17 所示。

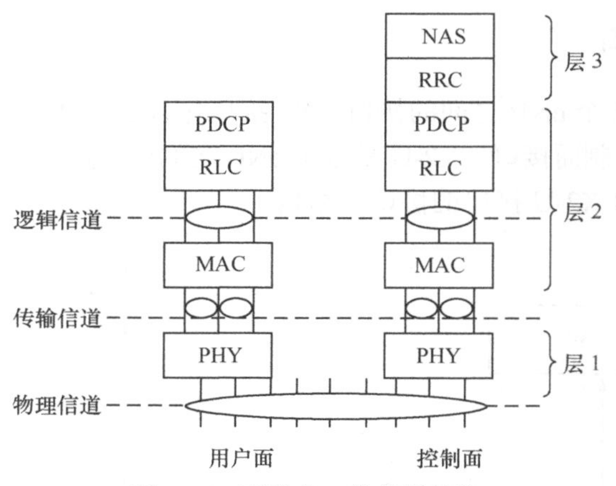

图 1-17　无线空口物理层结构

1.4.1　物理层帧结构

LTE 支持两种类型的无线帧结构。

1．类型 1，适用于 FDD 模式

对于 FDD，在每一个 10ms 中，有 10 个子帧可以用于下行传输，并且有 10 个子帧可以用于上行传输。上下行传输在频域上分开进行。帧结构类型如图 1-18 所示。每一个无线帧长度为 10ms，分为 10 个等长度的子帧，每个子帧又由 2 个时隙构成，每个时隙长度均为 0.5ms。

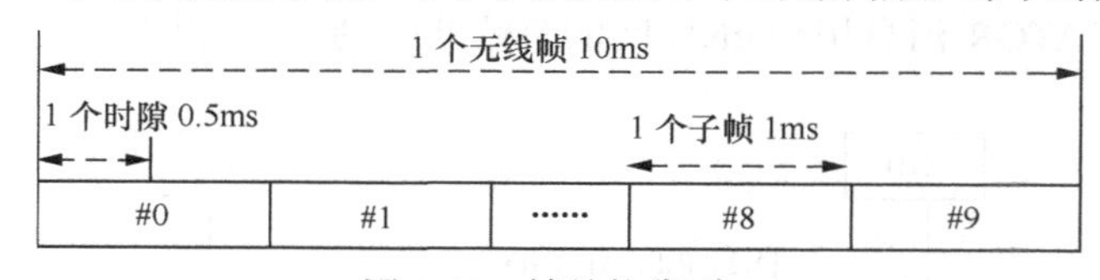

图 1-18　帧结构类型 1

2．类型 2，适用于 TDD 模式

帧结构类型 2 如图 1-19 所示。TYPE2 帧结构用于 TDD-LTE 系统，每个 10ms 无线帧包括 2 个长度为 5ms 的半帧，每个半帧由 4 个数据子帧和 1 个特殊子帧组成，特殊子帧包括 DwPTS、GP 和 UpPTS 共 3 个特殊时隙，总长度为 1ms。此帧结构支持 5ms 和 10ms 上下行切换点，子帧 0、5 和 DwPTS 总是用于下行发送。

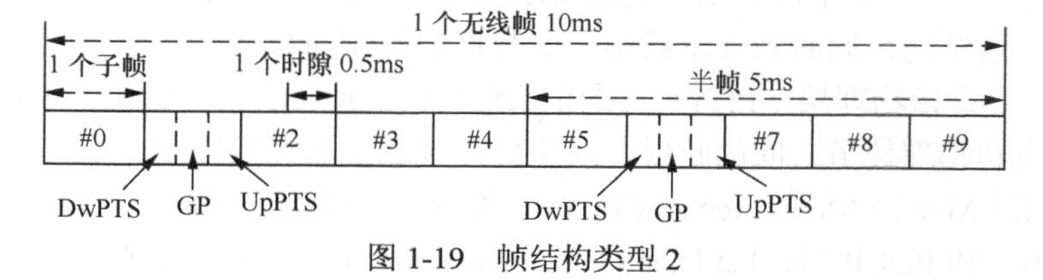

图 1-19　帧结构类型 2

TDD 上下行配置如下。

LTE 的 Type2 TDD 帧结构支持 7 种不同的上下行比例分配，包括 3 种 5ms 周期和 4 种 10ms 周期的配置，如图 1-20 所示。图中，“D”代表此子帧用于下行传输，“U”代表此子帧用于上行传输，“S”是由 DwPTS、GP 和 UpPTS 组成的特殊子帧。

上下行链路配置	下行链路到上行链路转换点周期	子帧数									
		0	1	2	3	4	5	6	7	8	9
0	5 ms	D	S	U	U	U	D	S	U	U	U
1	5 ms	D	S	U	U	D	D	S	U	U	D
2	5 ms	D	S	U	D	D	D	S	U	D	D
3	10 ms	D	S	U	U	U	D	D	D	D	D
4	10 ms	D	S	U	U	D	D	D	D	D	D
5	10 ms	D	S	U	D	D	D	D	D	D	D
6	5 ms	D	S	U	U	U	D	S	U	U	D

图 1-20　TDD 上下行配比

1.4.2　物理资源

LTE 上下行传输使用的最小资源单位叫作资源粒子（Resource Element，RE）。

LTE 在进行数据传输时，将上下行时频域物理资源组成资源块（Resource Block，RB），作为物理资源单位进行调度与分配。

一个 RB 由若干个 RE 组成，在频域上包含 12 个连续的子载波、在时域上包含 7 个连续的 OFDM 符号（在 Extended CP 情况下为 6 个），即频域宽度为 180kHz，时间长度为 0.5ms。

时隙的物理资源结构如图 1-21 所示。

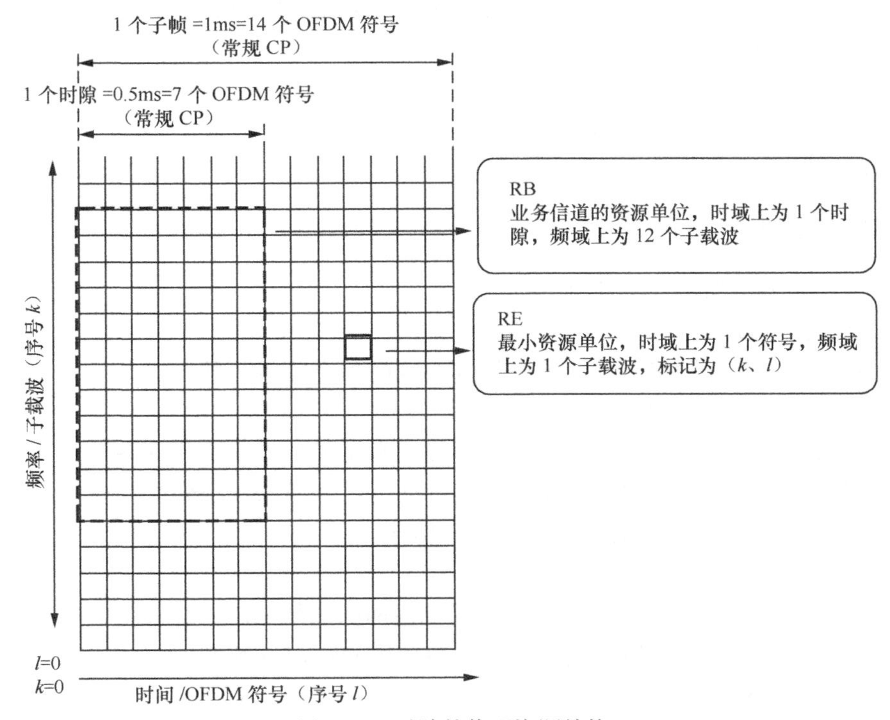

图 1-21　时隙的物理资源结构

1.4.3 物理信道

下行物理信道有以下几种。

- 物理广播信道（PBCH）

已编码的 BCH 传输块在 40ms 的间隔内映射到 4 个子帧；40ms 定时通过盲检测得到，即没有明确的信令指示 40ms 的定时；在信道条件足够好时，PBCH 所在的每个子帧都可以独立解码。

- 物理控制格式指示信道（PCFICH）

将 PDCCH 占用的 OFDM 符号数目通知给 UE；在每个子帧中都有发射。

- 物理下行控制信道（PDCCH）

将 PCH 和 DL-SCH 的资源分配以及与 DL-SCH 相关的 HARQ 信息通知给 UE；承载上行调度赋予的信息。

- 物理 HARQ 指示信道（PHICH）

承载上行传输对应的 HARQ ACK/NACK 信息。

- 物理下行共享信道（PDSCH）

承载 DL-SCH 和 PCH 信息。

- 物理多播信道（PMCH）

承载 MCH 信息。

上行物理信道有以下几种。

- 物理上行控制信道（PUCCH）

承载下行传输对应的 HARQ　ACK/NACK 信息；承载调度请求信息；承载 CQI 报告信息。

- 物理上行共享信道（PUSCH）

承载 UL-SCH 信息。

- 物理随机接入信道（PRACH）

承载随机接入前导。

1.4.4 传输信道

下行传输信道类型有以下几种。

- 广播信道（BCH）

固定的预定义的传输格式；要求广播到小区的整个覆盖区域。

- 下行共享信道（DL-SCH）

支持 HARQ；支持通过改变调制、编码模式和发射功率来实现动态链路自适应；能够发送到整个小区；能够使用波束赋形；支持动态或半静态资源分配；支持 UE 非连续接收（DRX）以节省 UE 电源；支持 MBMS 传输。

- 寻呼信道（PCH）

支持 UE DRX 以节省 UE 电源（DRX 周期由网络通知 UE）；要求发送到小区的整个覆盖区域；映射到业务或其他控制信道也动态使用的物理资源上。

- 多播信道（MCH）

要求发送到小区的整个覆盖区域；对于单频点网络 MBSFN，支持多小区的 MBMS

传输的合并；支持半静态资源分配。

上行传输信道类型有以下几种。

- 上行共享信道（UL-SCH）

能够使用波束赋形；支持通过改变发射功率和潜在的调制、编码模式来实现动态链路自适应；支持 HARQ；支持动态或半静态资源分配。

- 随机接入信道（RACH）

承载有限的控制信息；有碰撞风险。

1.4.5 传输信道与物理信道映射

下行和上行传输信道与物理信道之间的映射关系分别如图 1-22 和图 1-23 所示。

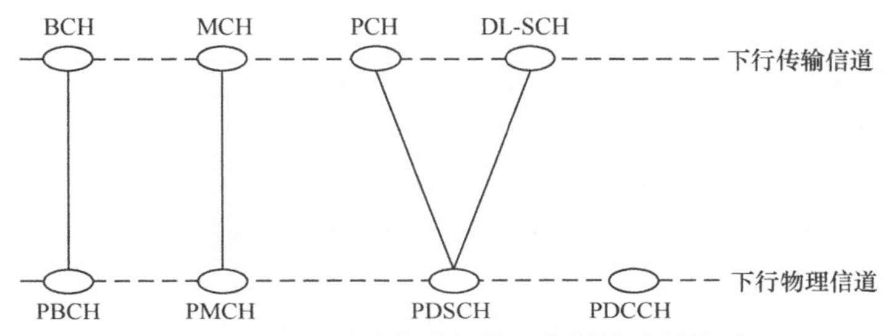

图 1-22 下行传输信道与物理信道的映射关系

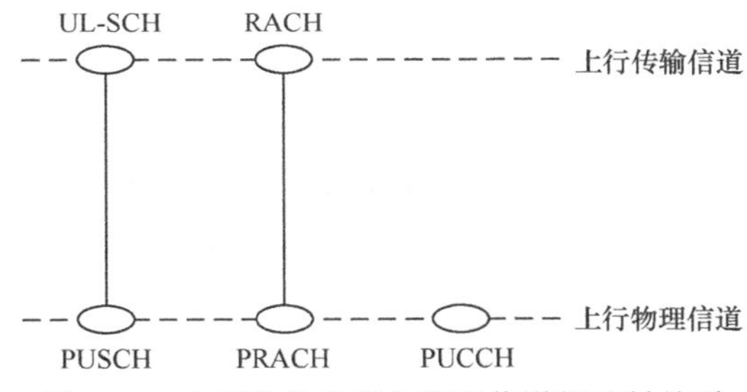

图 1-23 上行传输信道与物理信道的映射关系

1.4.6 物理信号

物理信号对应物理层若干 RE，但是不承载任何来自高层的信息。

下行物理信号包括参考信号（Reference Signal）和同步信号（Synchronization Signal）。

- 参考信号

下行参考信号包括三种：小区特定（Cell-specific）的参考信号，与非 MBSFN 传输关联；MBSFN 参考信号，与 MBSFN 传输关联；UE 特定（UE-specific）的参考信号。

- 同步信号

同步信号包括两种：主同步信号（Primary Synchronization Signal）和辅同步信号（Secondary Synchronization Signal）。

对于 FDD，主同步信号映射到时隙 0 和时隙 10 的最后一个 OFDM 符号上，辅同步信号则映射到时隙 0 和时隙 10 的倒数第二个 OFDM 符号上。

上行物理信号包括参考信号。

- 参考信号（Reference signal）

上行链路支持两种类型的参考信号：解调用参考信号（Demodulation Reference Signal），与 PUSCH 或 PUCCH 传输有关；探测用参考信号（Sounding Reference Signal），与 PUSCH 或 PUCCH 传输无关。

1.4.7 物理层过程

1.4.7.1 同步过程

UE 通过小区搜索过程来获得与一个小区的时间和频率同步，并检测出该小区的小区 ID。E-UTRA 小区搜索基于主同步信号（PSS）、辅同步信号（SSS）以及下行参考信号完成。

（1）搜索 PSS 信号，确定 5ms 定时，获得小区 ID。

（2）解调 SSS，取得 10ms 定时，获得小区 ID 组。

（3）检测下行参考信号，获取 BCH 的天线配置。

（4）UE 读取 PBCH 的 MIB（Master Information Block）系统消息（包括系统带宽、系统帧号 SFN、PHICH 配置信息等）。

（5）UE 读取 SIB（System Information Blocks），信息通常在下行共享信道中，最终承载在 PDSCH 信道中。

1.4.7.2 功率控制

- 上行功率控制

上行功率控制控制（Uplink Power Control）不同上行物理信道的发射功率。通过上行功率控制，控制小区内各终端输出的上行信号功率，使得不同距离的终端信号都能以适当的功率到达基站，同时达到终端的节电和抑制用户间干扰的目的。

- 下行功率分配

LTE 的下行功率控制，主要是按照设定的功率进行分配，控制下行各子载波的发送功率。合理的功率分配和相互间协调可以抑制小区间干扰，提高同频组网的系统性能。基站发送端在频率和时间上采用恒定的发射功率，并通过向终端发送高层信令指示该功率数值。再根据分配机制，控制基站各时刻、各子载波的发送功率。

1.4.7.3 物理层随机接入过程

在非同步物理层随机接入过程初始化之前，物理层会从高层收到以下信息。

- 随机接入信道参数（PRACH 配置、频率位置和前导格式）。
- 用于决定小区中根序列码及其在前导序列集合中的循环移位值的参数。

从物理层的角度看，随机接入过程包括随机接入前导的发送和随机接入响应。

物理层随机接入过程包括以下步骤。

- 由高层通过前导发送请求来触发物理层过程。
- 高层请求中包括前导索引（Preamble Index）、前导接收功率目标值（PREAMBLE_RECEIVED_TARGET_POWER）、对应的随机接入无线网络临时标识（RA-RNTI）以及

PRACH 资源。

- 确定前导发射功率。
- 使用前导索引在前导序列集中选择前导序列。
- 使用选中的前导序列，在指示的 PRACH 资源上，使用传输功率 PPRACH 进行一次前导传输。
- 在高层控制的随机接入响应窗中检测与 RA-RNTI 关联的 PDCCH。如果检测到，对应的 PDSCH 传输块将被送往高层，高层解析传输块并将 20bit 的 UL-SCH 授权指示给物理层。

1.4.8　层 2 架构

层 2 包括 PDCP、RLC 和 MAC 三个子层，下行和上行的层 2 结构分别如图 1-24 和图 1-25 所示。

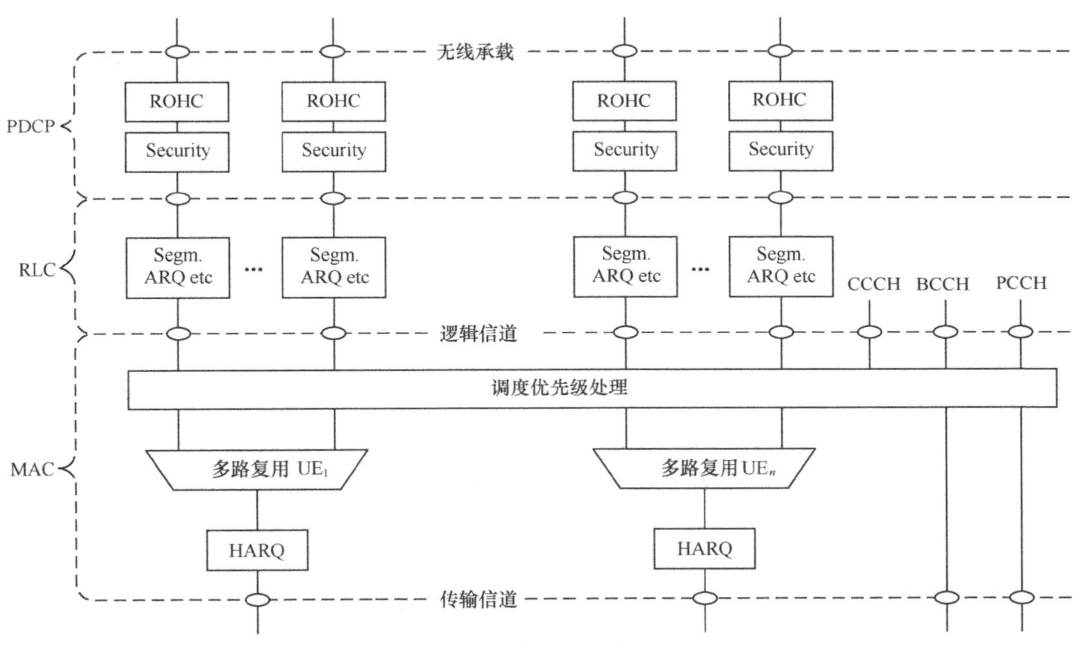

图 1-24　层 2 下行结构

图中各个子层之间的连接点称为服务接入点（SAP）。PDCP 向上提供的服务是无线承载，提供可靠头压缩（ROHC）功能与安全保护。物理层和 MAC 子层之间的 SAP 提供传输信道，MAC 子层和 RLC 子层之间的 SAP 提供逻辑信道。

MAC 子层提供逻辑信道（无线承载）到传输信道（传输块）的复用与映射。

非 MIMO 情形下，不论是上行还是下行，在每个 TTI（1ms）只产生一个传输块。

1.4.8.1　MAC 子层基本概念

1. MAC 功能

MAC 子层的主要功能包括逻辑信道与传输信道之间的映射、MAC 业务数据单元

（SDU）的复用/解复用、调度信息上报、通过 HARQ 进行错误纠正、同一个 UE 不同逻辑信道之间的优先级管理、通过动态调度进行的 UE 之间的优先级管理、传输格式选择、填充格式等。

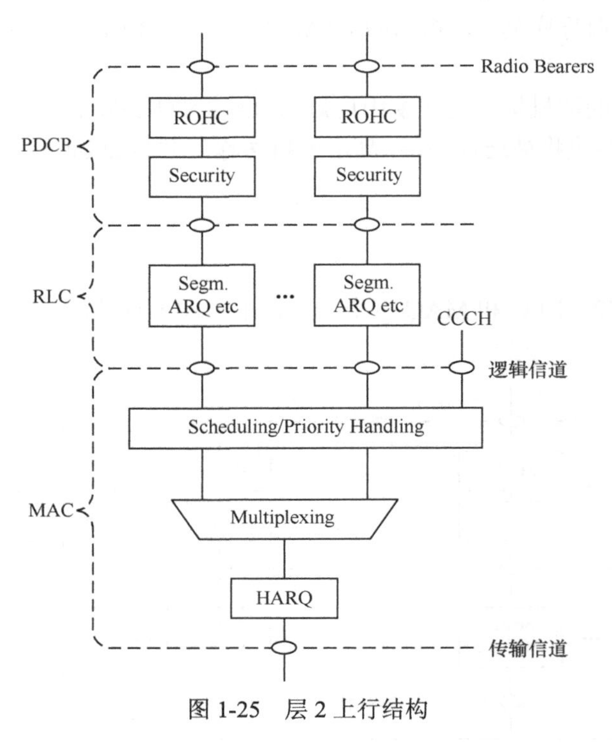

图 1-25 层 2 上行结构

2. 逻辑信道

MAC 提供不同种类的数据传输服务。每个逻辑信道的类型根据传输数据的种类来定义。

逻辑信道总体上可以分为下面两大类。

（1）控制信道（Control Channel，用于控制面信息传输）

- 广播控制信道（Broadcast Control Channel，BCCH）：下行信道，广播系统控制信息。
- 寻呼控制信道（Paging Control Channel，PCCH）：下行信道，传输寻呼信息和系统信息改变通知。当网络不知道 UE 小区位置时，用此信道进行寻呼。
- 公共控制信道（Common Control Channel，CCCH）：用于 UE 和网络之间传输控制信息。该信道用于 UE 与网络没有 RRC 连接的情况。
- 多播控制信道（Multicast Control Channel，MCCH）：点到多点的下行信道，为 1 条或多条 MTCH 信道传输网络到 UE 的 MBMS 控制信息。该信道只对能够接收 MBMS 的 UE 有效。
- 专用控制信道（Dedicated Control Channel，DCCH）：点到点的双向信道，在 UE 和网络之间传输专用控制信息。用于 UE 存在 RRC 连接的情况。

（2）业务信道（Traffic Channel，用于用户面信息传输）

- 专用业务信道（Dedicated Traffic Channel，DTCH）：点到点双向信道，专用于一个 UE，用于传输用户信息。
- 多播业务信道（Multicast Traffic Channel，MTCH）：点到多点下行信道，用于网络向 UE 发送业务数据。该信道只对能够接收 MBMS 的 UE 有效。

3. 逻辑信道与传输信道之间的映射

下行和上行传输信道与物理信道之间的映射关系分别如图 1-26 和图 1-27 所示。

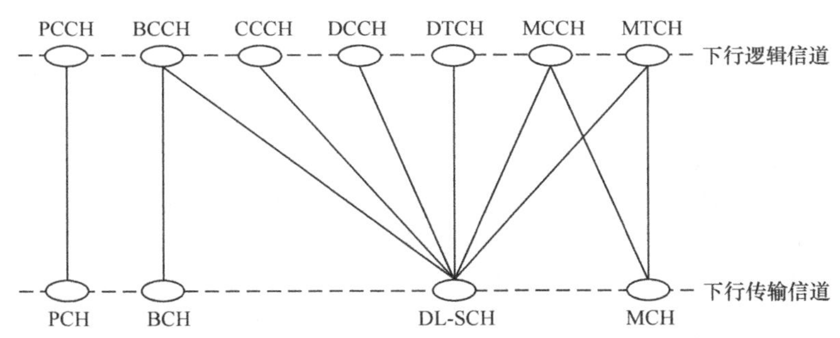

图 1-26　下行逻辑信道与传输信道的映射关系

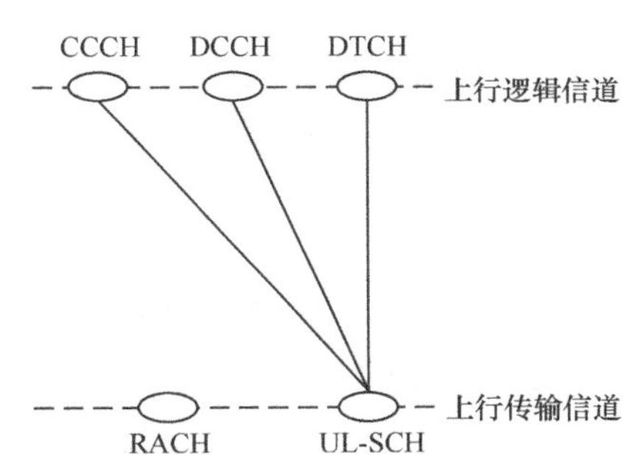

图 1-27　上行逻辑信道与传输信道的映射关系

1.4.8.2　RLC 子层

RLC 子层的主要功能包括上层 PDU 传输，通过 ARQ 进行错误修正（仅对 AM 模式有效），RLC SDU 的级联、分段和重组（仅对 UM 和 AM 模式有效），RLC 数据 PDU 的重新分段（仅对 AM 模式有效），上层 PDU 的顺序传送（仅对 UM 和 AM 模式有效），重复检测（仅对 UM 和 AM 模式有效），协议错误检测及恢复，RLC SDU 的丢弃（仅对 UM 和 AM 模式有效），RLC 重建。

1.4.8.3　PDCP 子层

PDCP 子层用户面的主要功能包括头压缩与解压缩，只支持 ROHC 算法；用户数据传输；RLC AM 模式下，PDCP 重建过程中对上层 PDU 的顺序传送；RLC AM 模式下，PDCP 重建过程中对下层 SDU 的重复检测；RLC AM 模式下，切换过程中 PDCP SDU 的重传；加密，解密；上行链路基于定时器的 SDU 丢弃功能。

PDCP 子层控制面的主要功能包括加密和完整性保护；控制面数据传输。

1.5 LTE 关键技术

1.5.1 双工方式

LTE 支持 FDD、TDD 两种双工方式。同时，LTE 还考虑支持半双工 FDD 这种特殊的双工方式。

1.5.2 多址技术

1.5.2.1 无线传输特性

无线电信号所经历的从移动台与基站之间的路径为无线信道，无线信道的衰落特性取决于无线电波传播环境。无线电波传播的主要方式是空间波，即直射波、折射波、散射波以及它们的合成波，而在移动通信系统中，由于终端本身的移动性，其信道参数是时变的，移动台与基站之间的无线信道更为复杂多变并且难以控制。

无线信号的影响主要有以下几种。

- 路径损耗

指电磁波在空间传播所产生的损耗。信号功率随着传播距离的增加而降低，反映了大尺度空间距离（千米量级）上接收信号电平值的变化趋势。根据其功率衰落的快慢程度也称为大尺度衰落。

- 阴影衰落

当电磁波在空间传播受到地形起伏、高大建筑物的阻挡时，在这些障碍物后面会产生电磁场的阴影效应，造成场强中值的变化，从而引起衰落，这称作阴影衰落。其衰落特性符合对数正态分布，反映了中等尺度空间（数百波长量级）的信号功率的起伏变化趋势，变化率较传输信息率慢，也称慢衰落。一般频率较高的信号比低频信号更加容易穿透障碍物，而低频信号比较高频率的信号具备更强的绕射能力。

- 瑞利衰落

反映了小尺度空间（数十波长以下量级）接收信号功率值的起伏变化趋势，幅度分布满足瑞利分布，称为瑞利衰落。其变化率快于慢衰落，也称快衰落。

不同的空间、频率和时间，信道的衰落特性不同。快衰落可细分为空间选择性衰落、频率选择性衰落、时间选择性衰落。根据产生的原因不同，可分为多径效应和多普勒效应。

无线信号的传输特性如图 1-28 所示。

1. 多径与频率选择性衰落

多径传播是指传输信号通过不同的直射、反射、折射等路径到达接收机。如图 1-29 所示，移动台附近的散射体（地形、地物和移动体等）引起的多径传播信号在接收点相叠加，由于这些不同路径的距离不同，因而各条路径中信号分量的时延、衰落和相位都不相同，因此在接收端对多个信号的分量叠加时会造成同相增加、异相减小的现象，叫作多径效应。

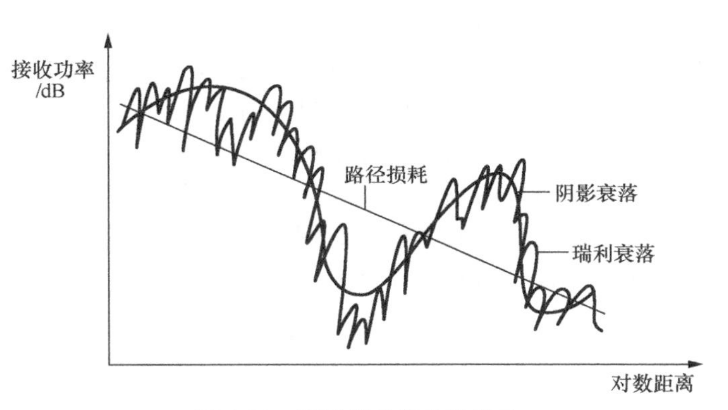

图 1-28　无线信号的传输特性

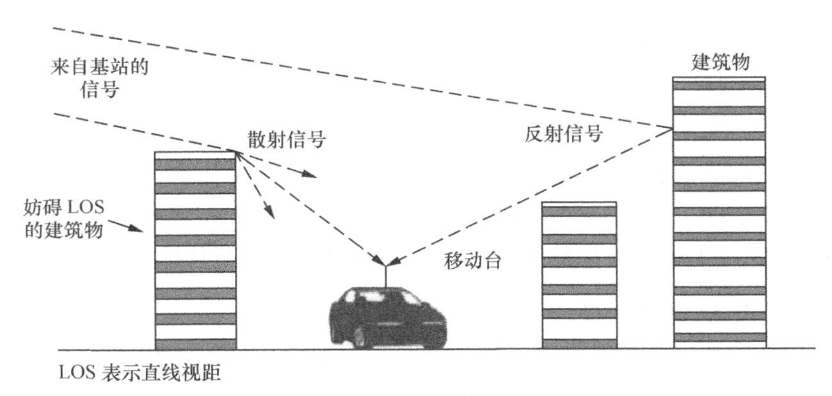

图 1-29　无线信号的多径传播

多径效应（同一信号的不同分量到达的时间不同）引起的接收信号脉冲宽度扩展的现象称为时延扩展，即发射端发出一个窄脉冲信号，则在接收端可以收到多个窄脉冲，如图 1-30 所示的在接收端收到的时延扩展信号。这种时域上的扩散会产生频率选择性衰落。

由于时延扩展（多径信号最快和最慢的时间差），接收信号中的一个信息符号的波形可能会扩展到其他符号当中，造成符号间干扰（Inter Symbol Interference，ISI）。

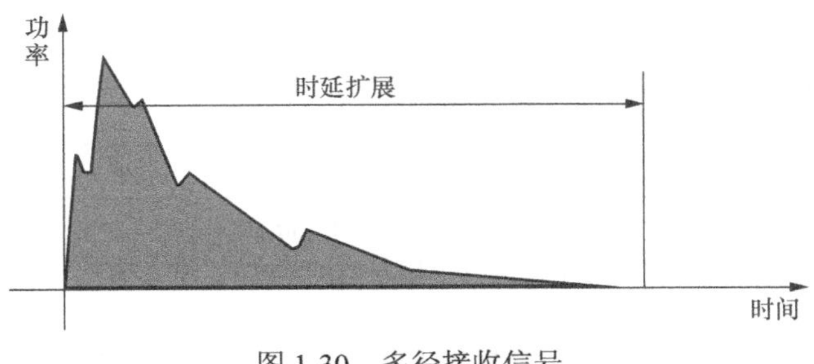

图 1-30　多径接收信号

2. 多普勒效应与时间选择性衰落

当发射机与接收机之间存在相对运动时，信道传播呈现时变性，使得接收信号的频率与发射信号的频率不同，这种现象称为多普勒效应。

信道的时变性是指信道的传递函数是随时间变化的，即在不同的时刻发送相同的信号，在接收端收到的信号是不相同的，如图 1-31 所示。

由多普勒效应产生的频移扩散叫做多普勒频移（Doppler shift），即单一频率信号经过时变衰落信道之后，接收信号的频率会发生变化，呈现为具有一定带宽和频率包络的信号，如图 1-32 所示。这种时变性衰落即为时间选择性衰落，使得接收信号出现频率弥散性，造成信道间干扰（Inter Channel Interference，ICI）。

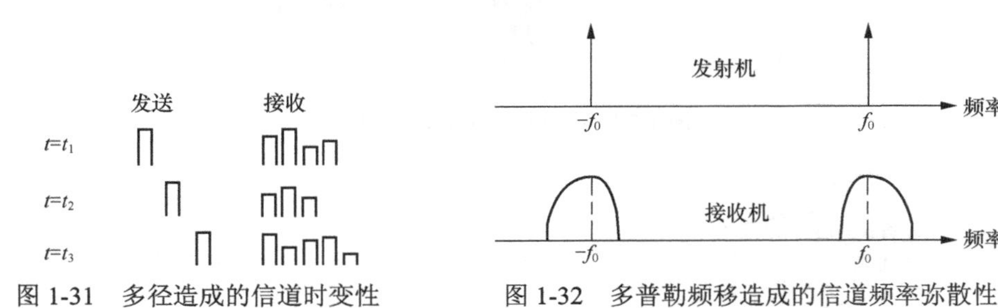

图 1-31　多径造成的信道时变性　　图 1-32　多普勒频移造成的信道频率弥散性

自由空间的传播损耗和阴影衰落主要影响到无线区域的覆盖，通过合理的设计就可以消除这种不利影响。在无线通信系统中，重点要解决时间选择性衰落和频率选择性衰落。采用 OFDM 技术可以很好地解决这两种衰落对无线信道传输造成的不利影响。

1.5.2.2　OFDM 的基本概念

在传统的并行数据传输系统中，整个信号频段被划分为 N 个相互不重叠的频率子信道。每个子信道传输独立的调制符号，然后再将 N 个子信道进行频率复用。这种避免信道频谱重叠看起来有利于消除信道间的干扰，却不能有效地利用频谱资源。OFDM（Orthogonal Frequency Division Multiplexing）即正交频分复用，是一种能够充分利用频谱资源的多载波传输方式。常规频分复用与 OFDM 的信道分配情况如图 1-33 所示。从图中可以看出，OFDM 至少能够节约二分之一的频谱资源。

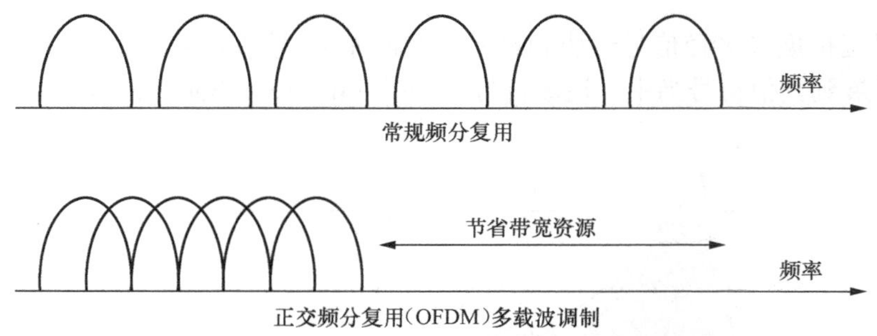

图 1-33　常规频分复用与 OFDM 的信道分配

OFDM 的主要思想是：将信道分成若干正交子信道，将高速数据信号转换成并行的低速子数据流，调制到每个子信道上进行传输，如图 1-34 所示。

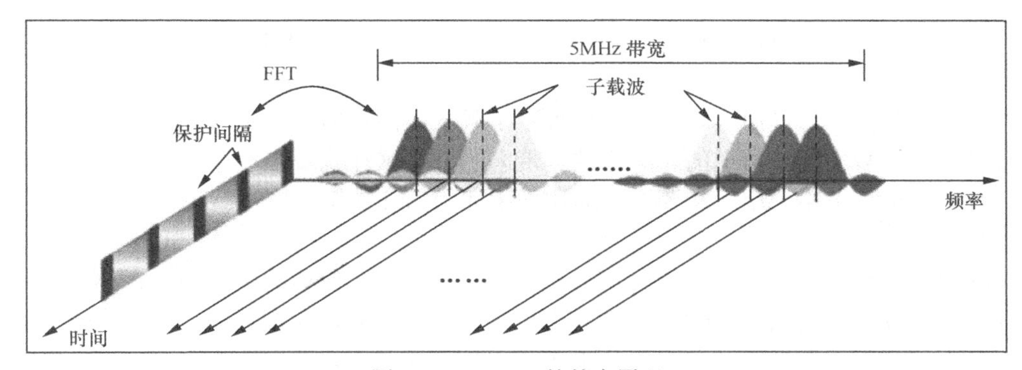

图 1-34　OFDM 的基本原理

OFDM 利用快速傅立叶反变换（IFFT）和快速傅立叶变换（FFT）来实现调制和解调，如图 1-35 所示。

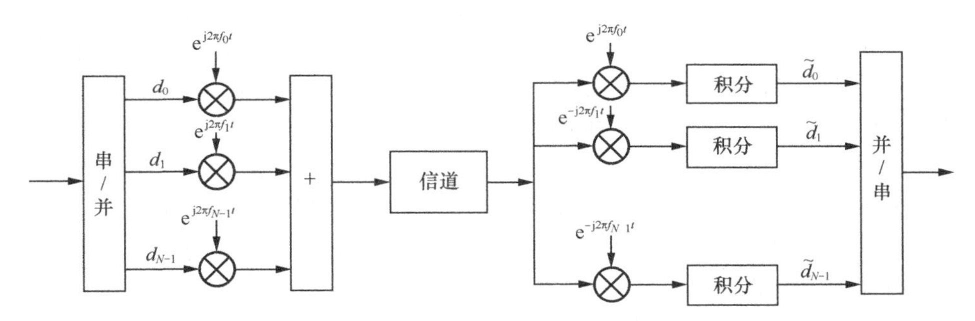

图 1-35　调制解调过程

OFDM 的调制解调流程如下。

步骤 1：发射机在发射数据时，将高速串行数据转为低速并行数据，利用正交的多个子载波进行数据传输。

步骤 2：各个子载波使用独立的调制器和解调器。

步骤 3：各个子载波之间要求完全正交、各个子载波收发完全同步。

步骤 4：发射机和接收机要精确同频、同步，准确地进行位采样。

步骤 5：接收机在解调器的后端进行同步采样，获得数据，然后转为高速串行。

在向 B3G/4G 演进的过程中，OFDM 是关键的技术之一，可以结合分集、时空编码、干扰和信道间干扰抑制以及智能天线技术，最大限度地提高系统性能。

20 世纪 50 年代 OFDM 的概念就已经被提出，但是受限于上面的步骤 2、步骤 3，传统的模拟技术很难实现正交的子载波，因此早期没有得到广泛的应用。随着数字信号处理技术的发展，S. B. Weinstein 和 P. M. Ebert 等人提出采用 FFT 实现正交载波调制的方法，为 OFDM 的广泛应用奠定了基础。此后，为了克服通道多径效应和定时误差引起的 ISI 符号间干扰，A. Peled 和 A. Ruizt 提出了添加循环前缀的思想。

1. OFDM 的优缺点

OFDM 系统越来越受到人们的广泛关注，其原因在于 OFDM 系统具有如下主要优点。

把高速数据流通过串并转换，使得每个子载波上的数据符号持续长度相对增加，从而可以有效地减小无线信道的时间弥散所带来的 ISI，这样就减小了接收机内均衡的复杂度，有时甚至可以不采用均衡器，仅通过采用插入循环前缀的方法就可以消除 ISI 的不利影响。

OFDM 系统由于各个子载波之间存在正交性，允许子信道的频谱相互重叠，因此与常规的频分复用系统相比，OFDM 系统可以最大限度地利用频谱资源。

各个子信道中这种正交调制和解调可以采用快速傅立叶变换（FFT）和快速傅立叶反变换（IFF）来实现。

无线数据业务一般都存在非对称性，即下行链路中传输的数据量要远大于上行链路中传输的数据量，如 Internet 业务中的网页浏览、FTP 下载等。另一方面，移动终端的功率一般小于 1W，在大蜂窝环境下传输速率低于 10～100kbit/s；而基站的发送功率可以较大，有可能提供 1Mbit/s 以上的传输速率。因此无论从用户数据业务的使用需求，还是从移动通信系统自身的要求考虑，都希望物理层支持非对称高速数据传输，而 OFDM 系统可以很容易地通过使用不同数量的子信道来实现上行和下行链路中不同的传输速率。

由于无线信道存在频率选择性，不可能所有的子载波都同时处于比较深的衰落情况中，因此可以通过动态比特分配以及动态子信道的分配方法，充分利用信噪比较高的子信道，从而提高系统的性能。

OFDM 系统可以容易地与其他多种接入方法相结合使用，构成 OFDMA 系统，其中包括多载波码分多址 MC-CDMA、跳频 OFDM 以及 OFDM-TDMA 等，使得多个用户可以同时利用 OFDM 技术进行信息的传递。

因为窄带干扰只能影响一小部分的子载波，因此 OFDM 系统可以在某种程度上抵抗这种窄带干扰。但是 OFDM 系统内由于存在多个正交子载波，而且其输出信号是多个子信道的叠加，因此与单载波系统相比，存在如下主要缺点。

易受频率偏差的影响。由于子信道的频谱相互重叠，这就对它们之间的正交性提出了严格的要求，然而由于无线信道存在时变性，在传输过程中会出现无线信号的频率偏移，例如多普勒频移，或者由于发射机载波频率与接收机本地振荡器之间存在的频率偏差，都会使得 OFDM 系统子载波之间的正交性遭到破坏，从而导致子信道间的信号相互干扰，这种对频率偏差敏感的特性是 OFDM 系统的主要缺点之一。

存在较高的峰值平均功率比。与单载波系统相比，由于多载波调制系统的输出是多个子信道信号的叠加，因此当多个信号的相位一致时，所得到叠加信号的瞬时功率就会远远大于信号的平均功率，导致出现较大的峰值平均功率比（PAPR）。这就对发射机内放大器的线性提出了很高的要求。如果放大器的动态范围不能满足信号的变化，则会给信号带来畸变，使叠加信号的频谱发生变化，从而导致各个子信道信号之间的正交性遭到破坏，产生相互干扰，使系统性能恶化。

1.5.2.3　LTE 多址方式

LTE 采用 OFDMA（Orthogonal Frequency Division Multiple Access，正交频分多址）作为下行多址方式，是一种基于 OFDM 的应用。LTE 的下行多址方式如图 1-36 所示。

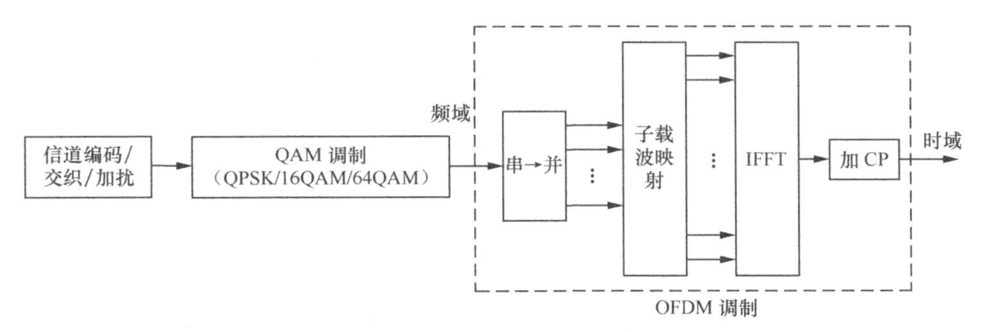

图 1-36　LTE 下行多址方式

OFDMA 将传输带宽划分成相互正交的子载波集，通过将不同的子载波集分配给不同的用户，可用资源被灵活地在不同移动终端之间共享，从而实现不同用户之间的多址接入。这可以看成是一种 OFDM+FDMA+TDMA 技术相结合的多址接入方式。如图 1-37 所示，如果将 OFDM 本身理解为一种传输方式，图 1-37（a）显示出就是将所有的资源——包括时间、频率都分配给了一个用户，OFDM 融入 FDMA 的多址方式后如图 1-37（b）所示，就可以将子载波分配给不同的用户使用，此时 OFDM+FDMA 与传统的 FDMA 多址接入方式最大的不同，就是分配给不同用户的相邻载波之间是部分重叠的。一旦在时间上对载波资源加以动态分配就构成了 OFDM+FDMA+TDMA 的多址方式，如图 1-37（c）所示，根据每个用户需求的数据传输速率、当时的信道质量对频率资源进行动态分配。

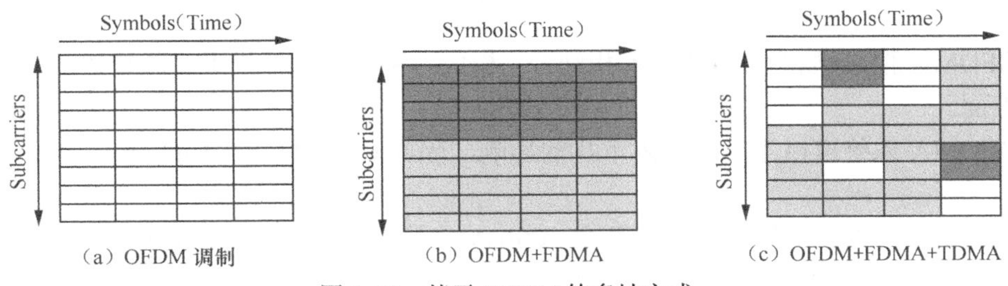

图 1-37　基于 OFDM 的多址方式

在 OFDMA 系统中，可以为每个用户分配固定的时间—频率方格图，使每个用户使用特定的部分子载波，而且各个用户之间所用的子载波是不同的，如图 1-38 所示。

OFDMA 方案中，还可以很容易地引入跳频技术，即在每个时隙中，可以根据跳频图样来选择每个用户所使用的子载波频率。这样允许每个用户使用不同的跳频图样进行跳频，就可以把 OFDMA 系统变化成为跳频 CDMA 系统，从而可以利用跳频的优点为 OFDM 系统带来好处。跳频 OFDMA 的最大好处在于为小区内的多个用户设计正交跳频图样，从而可以相对容易地消除小区内的干扰，如图 1-39 所示。

a		d		a		d		a		d	
a		d		a		d		a		d	
a	c	c		a	c	c		a	c	c	
a	c	c		a	c	c		a	c	c	
b		e	g	b		e	g	b		e	g
b		e	g	b		e	g	b		e	g
b		f	g	b		f	g	b		f	g
b		f	g	b		f	g	b		f	g

频率（纵轴） 时间（横轴）

图 1-38　固定分配子载波的 OFDMA 方案时频示意

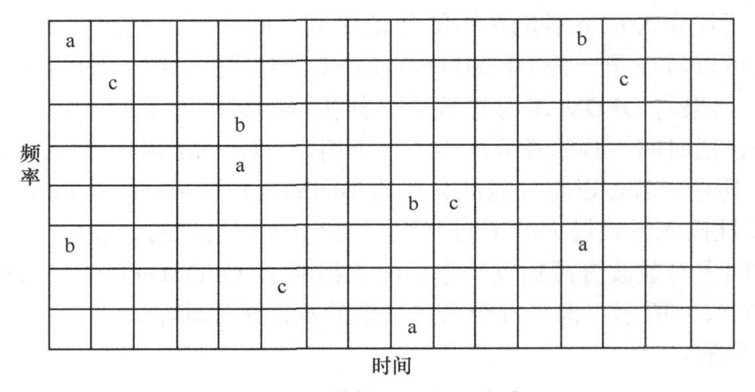

图 1-39　跳频 OFDMA 方案

OFDMA 把跳频和 OFDM 技术相结合，构成一种灵活的多址方案，其主要优点在于以下方面。

OFDMA 系统可以不受小区内干扰的影响，因此 OFDMA 系统可以获得更大的系统容量。

OFDMA 可以灵活地适应带宽要求。OFDMA 通过简单地改变所使用的子载波数量，就可以适用于特定的传输带宽。

当用户的传输速率提高时，OFDMA 与动态信道分配技术结合使用，可支持高速数据的传输。

LTE 采用 DFT-S-OFDM（Discrete Fourier Transform Spread OFDM，离散傅立叶变换扩展 OFDM）或者称为 SC-FDMA（Single Carrier FDMA，单载波 FDMA）作为上行多址方式，如图 1-40 所示。

OFDM 系统的输出是多个子信道信号的叠加，因此如果多个信号的相位一致，所得到叠加信号的瞬时功率就会远远高于信号的平均功率。PAPR 高，对发射机的线性度提出了很高的要求。所以在上行链路，基于 OFDM 的多址接入技术并不适合在 UE 侧使用。LTE 上行链路所采用的 SC-FDMA 多址接入技术基于 DFT-S-OFDM 传输方案，同 OFDM 相比，它具有较低的峰均比。

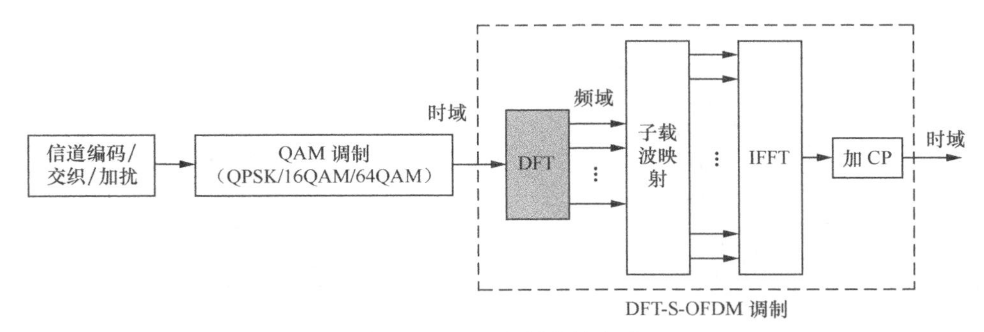

图 1-40　LTE 上行多址方式

利用 DFT-S-OFDM 在 DFT 的输出到 IDFT 输入的补 0 位置特点，可以让多用户复用频谱资源，实现不同用户多址接入，同时子载波之间具有良好的正交性，避免了用户间干扰。如图 1-41 所示，通过改变 DFT 到 IDFT 的补 0 位置的映射关系实现多址；改变输入信号的数据符号块 M 的大小，实现频率资源的灵活配置。

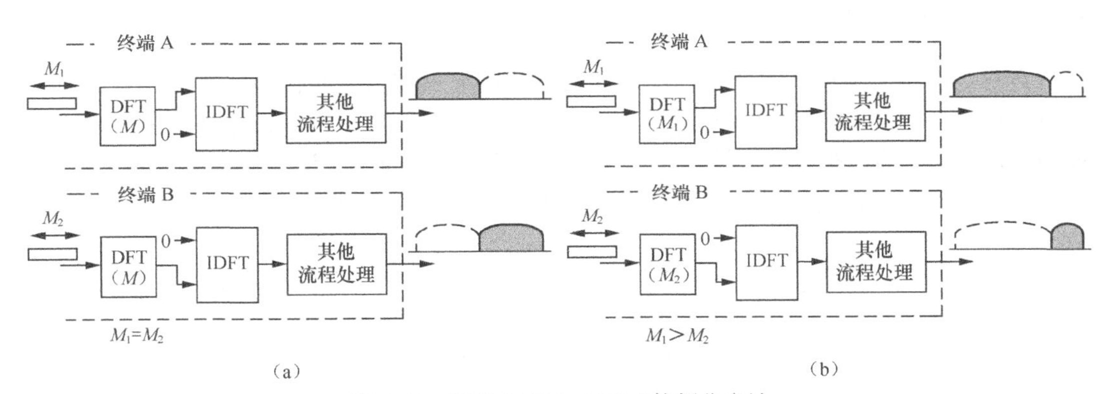

图 1-41　基于 DFT-S-OFDM 的频分多址

如图 1-42 所示，SC-FDMA 的集中式资源分配（Localized Transmission）、分布式资源分配（Distributed Transmission）两种资源分配方式是 3GPP 讨论过的两种上行接入方式，最终为了获得低的峰均比、降低 UE 的负担，选择了集中式的分配方式。另一方面，为了获取频率分集增益，选用上行跳频作为上行分布式传输方式的替代方案。

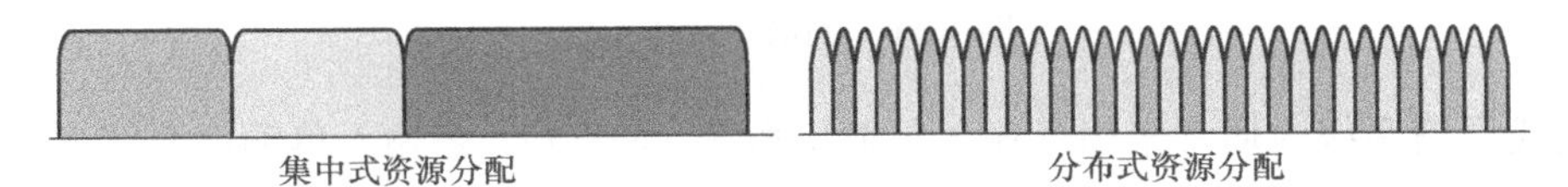

图 1-42　基于 DFT-S-OFDM 的集中式、分布式频分多址

图 1-43 比较了使用 OFDMA 多址技术和 SC-FDMA 多址技术传输一串 QPSK 速率、4 个用户数据的效果。

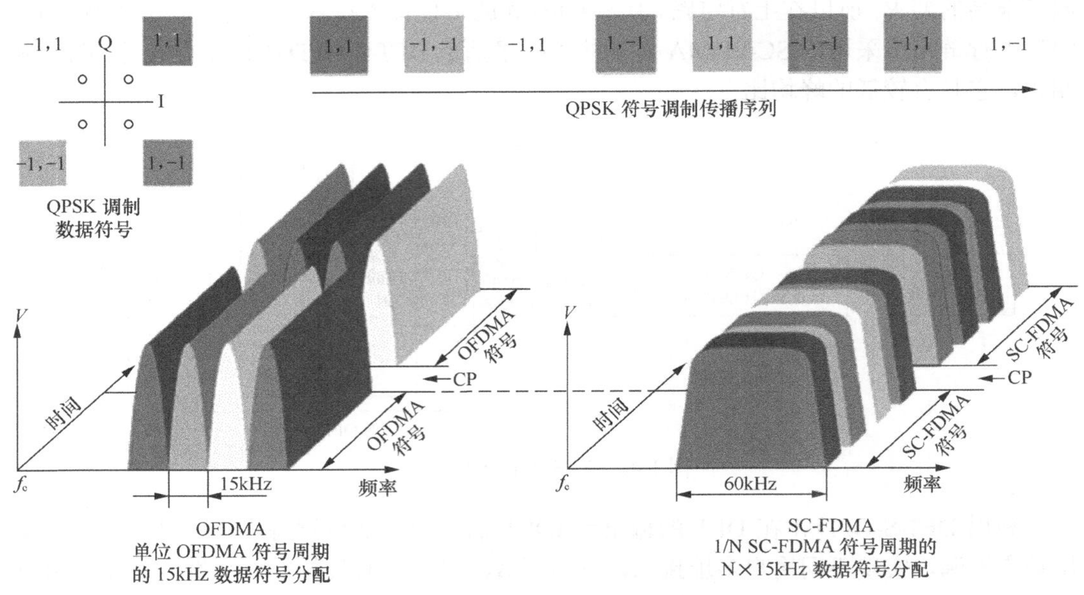

图 1-43　OFDMA 与 SC-FDMA 的比较

1.5.3　多天线技术

在移动通信领域中，多径效应会引起衰落，因而被视为无线传输的有害因素。而多天线 MIMO（Multiple Input Multiple Output，多输入多输出）技术充分利用空间中的多径因素，在发送端和接收端采用多个天线，通过空时处理技术实现分集增益或复用增益，充分利用空间资源，提高频谱利用率。如图 1-44 所示为 MIMO 系统模型。

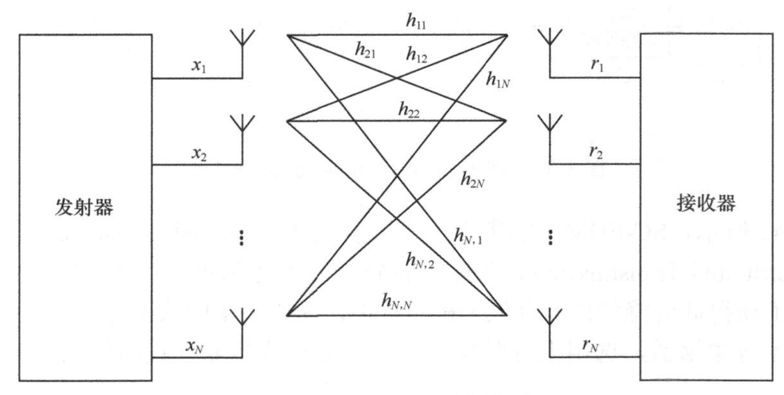

图 1-44　MIMO 系统模型

无线通信系统中通常采用单输入单输出系统（SISO）、多输入单输出系统（MISO）、单输入多输出系统（SIMO）和多输入多输出系统（MIMO）等传输模型，这些传输模型如图 1-45 所示。

为了满足系统中高速数据传输速率和高系统容量方面的需求，LTE 系统的下行 MIMO 技术支持 2×2 的基本天线配置。下行 MIMO 技术主要包括空间分集、空间复用及波束成形三大类。与下行 MIMO 相同，LTE 系统上行 MIMO 技术也包括空间分集和空间复用。在 LTE 系统中，应用 MIMO 技术的上行基本天线配置为 1×2，即一根发送天线和两根接收天线。考虑到终端实现复杂度的问题，目前对于上行并不支持一个终端同时使用两根天线进行信号发送，即只考虑存在单一上行传输链路的情况。因此，在当前阶段上行仅仅支持上行天线选择和多用户 MIMO 两种方案。

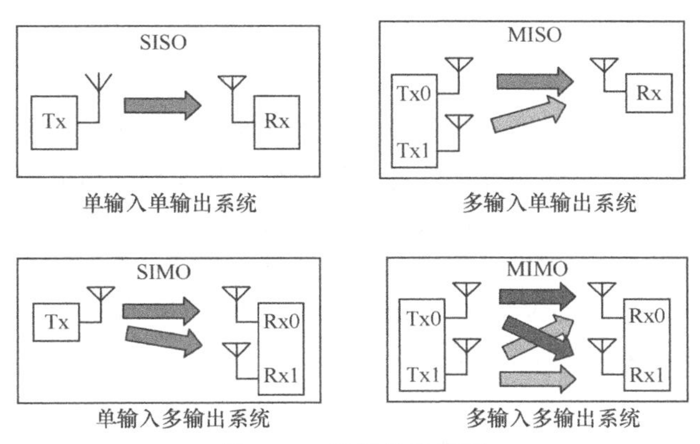

图 1-45　天线传输模型

下行 MIMO 关键技术

1. 空间复用

空间复用的原理是在多个相互独立的空间信道上传输不同的数据流，从而提高数据传输速率。在发射端，高速数据被分成几个并行的低速数据流，在同一频带从多根天线同时发射出去。图 1-46 所示为空间复用传输模型。

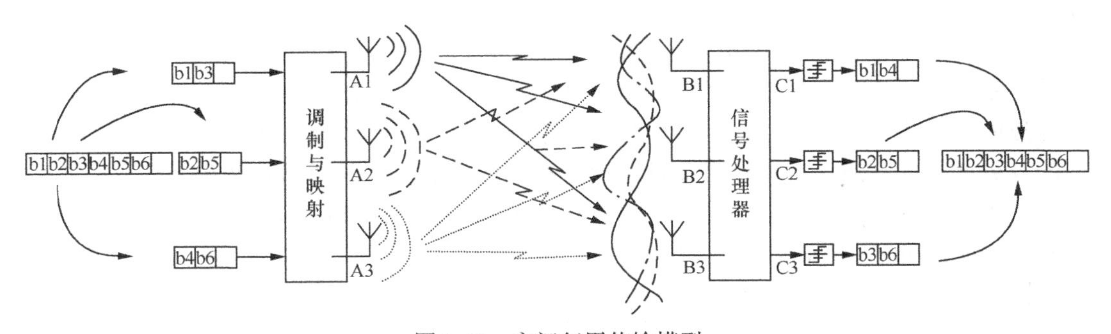

图 1-46　空间复用传输模型

LTE 系统中空间复用技术包括开环空间复用和闭环空间复用。

● 开环空间复用：基本原理是用于空间复用传输的多层数据来自多个不同的独立进行信道编码的数据流。由于不考虑信道条件，因此对于 MIMO 信道相关性差异造成的流间串扰难以消除。

● 闭环空间复用：基本思想是发射端利用事先掌握的空间信道信息，选择合适的预编码技术处理，进而提高用户和系统速率。预编码技术中预编码矩阵的获取方式有非码本的预编码和基于码本的预编码两种。

● 非码本：预编码矩阵由发射端获得。发射端利用预测的信道状态信息，自行计算获得预编码矩阵。

● 基于码本：预编码矩阵在接收端获得。接收端利用预测的信道状态信息，在预定的预编码矩阵码本中进行预编码矩阵的选择，并将选定的预编码矩阵的序号反馈至发射端。

2. 空间分集

空间分集技术通过对发送或接收的数据流进行编码或解码，通过多根收发天线发射或接收，利用空间中不同传输路径，获得分集增益，从而提高信道的可靠性，降低信道误码率。空间分集分为发射分集、接收分集和接收发射分集三种。

● 发射分集是在发射端使用多根天线发射信息，通过对不同的天线发射的信号进行编码达到空间分集的目的，接收端可以获得比单天线高的信噪比。

图 1-47 所示为 2 发发送分集示意图。

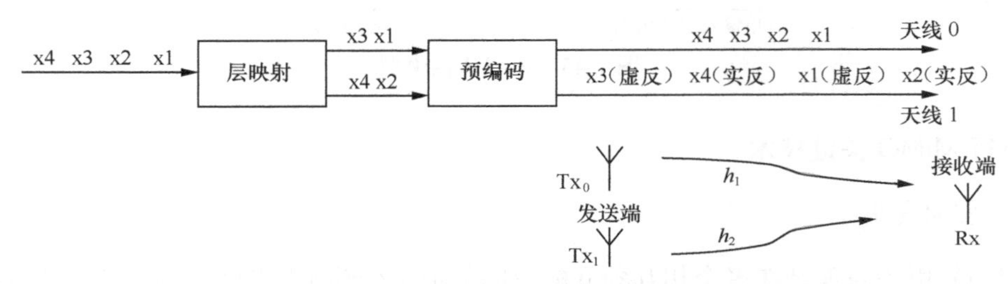

图 1-47 2 发发送分集示意图

发射分集包含空时发射分集(STTD)、空频发射分集(SFBC)和循环延迟分集(CDD)几种。

空时发射分集通过对不同的天线发射的信号进行空时编码，达到时间和空间分集的目的。空时编码通过在发射端的联合编码增加信号的冗余度，以减小由于信道衰落和噪声导致的符号错误概率，从而使得信号在接收端获得时间和空间分集增益。可以利用额外的分集增益提高通信链路的可靠性，也可在同样可靠性下利用高阶调制提高数据率和频谱利用率。典型空时编码方式有空时格码（Space-Time Trellis Code，STTC）和空时分组码（Space-Time Block Code，STBC）。

图 1-48 所示为 STC 原理图。

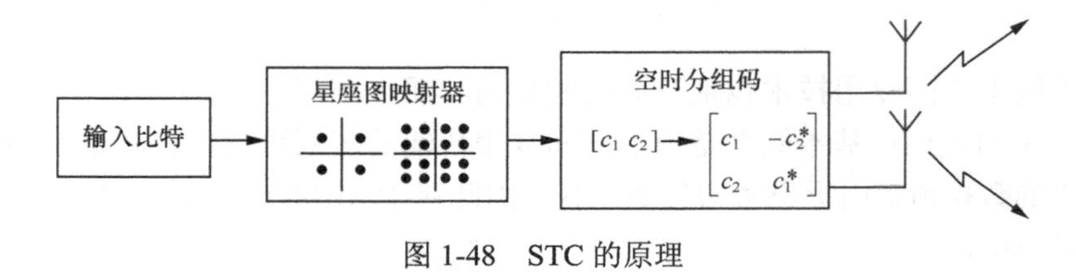

图 1-48 STC 的原理

空频发射分集是对发送的符号进行频域和空域编码，将同一组数据承载在不同的子载波以获得频率分集增益。两天线的原理如图 1-49 所示。

循环延迟分集利用 CP 特性，采用循环延时操作，在不同的发射天线上发送具有不同相对延时的同一个信号，人为地制造时延，能够获得时间分集增益。其延迟是通过固定步长的移相（Cyclic Shift，循环移相）来实现。图 1-50 所示为 CDD 的原理。

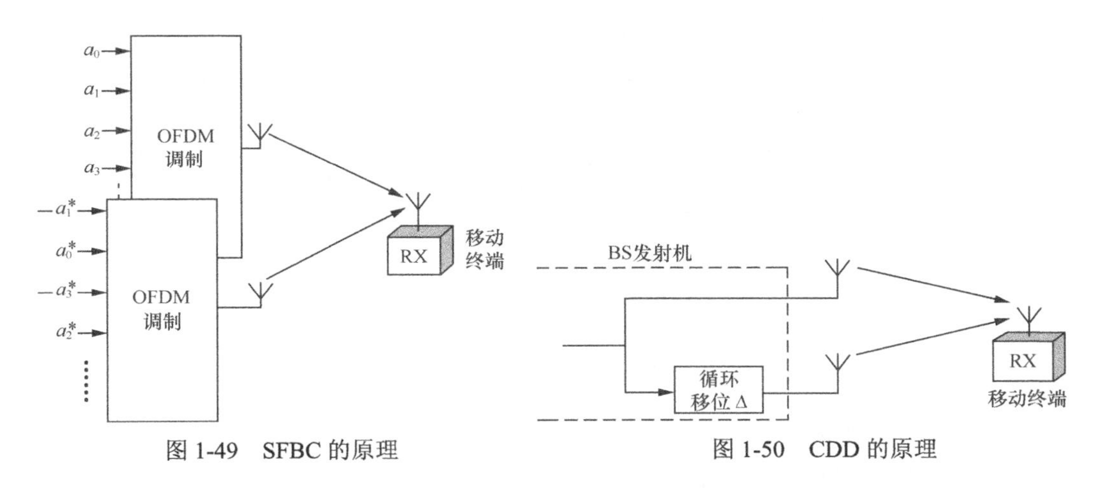

图 1-49 SFBC 的原理　　图 1-50 CDD 的原理

• 接收分集是指多根天线接收来自多个路径或信道所承载的同一信息的多个独立的信号副本。由于不同信道不可能同时处于深衰落情况中，在任一给定的时刻，至少可以保证有一个足够强度的信号副本到达接收机进行解调，从而提高了接收信号的信噪比。接收分集的原理如图 1-51 所示。

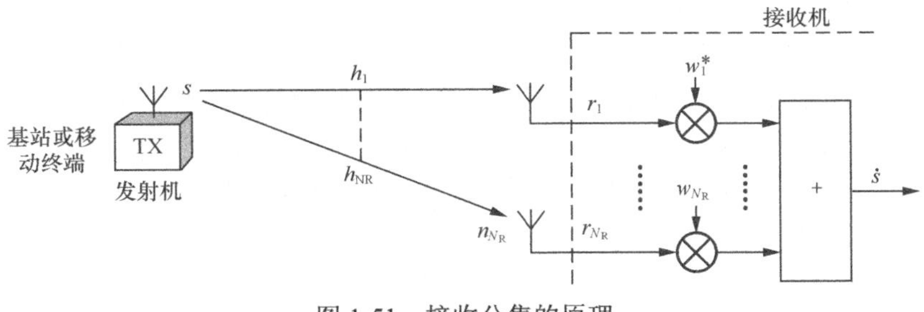

图 1-51 接收分集的原理

3. 波束赋形

波束赋形技术在发射端将待发射数据矢量加权，通过对多根天线输出信号相关性进行相位加权，使信号在某个方向形成同相叠加，在其他方向形成相位抵消，从而提高了通信链路的可靠性，也可在同样的可靠性下利用高阶调制提高数据速率和频谱利用率。

与常规智能天线不同的是，原来的下行波束赋形只针对一根天线，现在需要针对多根天线。通过下行波束赋形，使得信号在用户方向上得到加强，通过上行波束赋形，使得用户具有更强的抗干扰能力和抗噪能力。因此，与发分集类似，可以利用额外的波束赋形增益提高通信链路的可靠性，也可在同样可靠性下利用高阶调制提高数据速率和频谱利用率。

波束赋形原理如图 1-52 所示。

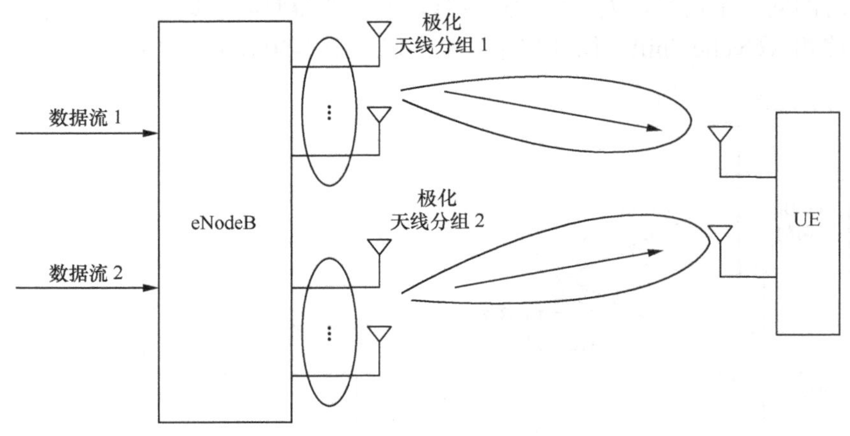

图 1-52　波束赋形原理

典型的波束赋形可以有以下两种分类方式。

（1）按照信号的发射方式分类

- 传统波束赋形：当信道特征值只有一个或只有一根接收天线时，沿特征向量发射所有的功率实现波束赋形。
- 特征波束赋形（Eigen-beamforming）：对信道矩阵进行特征值分解，信道将转化为多个并行的信道，在每个信道上独立传输数据。

（2）按反馈的信道信息分类

当系统发射端能够获取信道状态信息时，系统会根据信道状态调整每个天线发射信号的相位（数据相同），以保证在目标方向达到最大的增益。闭环的阵列波速赋形技术，需要利用信道反馈信息进行空间滤波或干扰机制，信道反馈的准确性会严重影响波束赋形的效果。信道状态信息包括瞬时信道信息、信道均值或信道协方差矩阵。

LTE 支持以下 7 种 MIMO 模式。

① TM1，单天线端口传输：主要应用于单天线传输的场合。

② TM2，发送分集模式：适合于小区边缘信道情况比较复杂、干扰较大的情况，有时候也用于高速的情况， 分集能够提供分集增益。

③ TM3，开环空间分集：适合于终端（UE）高速移动的情况。

④ TM4，闭环空间复用：适合于信道条件较好的场合，用于提供高的数据速率传输。

⑤ TM5，MU-MIMO 传输模式：主要用来提高小区的容量。

⑥ TM6，Rank1 的传输：主要适合于小区边缘的情况。

⑦ TM7，Port5 的单流 Beamforming 模式：主要也是小区边缘，能够有效对抗干扰。

1.5.4　链路自适应

不同的调制方式有不同的特征和应用场景，低阶调制实际信息速率较低但能保证较高的传输可靠性，高阶调制信息效率高但可靠性差，对信道条件要求较高。为了保证在可靠性前提下，尽可能提高数据吞吐率，LTE 引入了 AMC（Adaptive Modulation and Coding）自适应调制和编码技术，根据瞬时信道质量状况和目前资源选择或动态调整最合适的调制方式。简单来说，在信道条件较差的情况下，保证信噪比，选择传输效率低的低阶调制方式；在信道条件好的场景或由坏转好的情况下，从低阶转化成高阶调制方式。

下行链路自适应主要是指自适应调制编码（Adaptive Modulation and Coding，AMC），通过各种不同的调制方式（QPSK、16QAM 和 64QAM）和不同的信道编码率来实现。

上行链路自适应包括自适应发射带宽、发射功率控制以及自适应调制和信道编码三种链路自适应方法。

1.5.5 HARQ 和 ARQ

为保证传输可靠性和服务质量，提高系统吞吐量，移动通信系统都需要引入差错控制技术来控制误码率。传统的差错控制技术有 FEC（Forward Error Coding，前向纠错）和 ARQ（Automatic Repeat Request，自动重传请求）。LTE 支持 HARQ（Hybrid Automatic Repeat reQuest，混合自动重传）和 ARQ（Automatic Repeat reQuest，自动重传）功能。

ARQ：接收端根据检错码检测接收的数据帧，并产生相应的 ACK/NACK 信息反馈给发送端。发送端对接收到反馈信息为 NACK 的数据帧进行重传，直到接收到相应的 ACK 反馈。

FEC：发送端对源数据进行编码，得到增加了纠错码等冗余信息的编码数据并发送；接收端根据解码算法，通过对接收数据的纠错，结合冗余信息译码，还原出源数据。

HARQ：混合自动重传技术是将自动重传请求和前向纠错编码结合，发送端将源数据进行 FEC 编码后发送，接收端对接收数据进行 FEC 解码，根据解码正确与否向发送端反馈 ACK/NACK。发送端若收到 ACK 反馈，则继续下一个数据传输，否则启动 ARQ 重传上一次发送的 FEC 数据帧。接收端对重传数据和之前接收的数据进行合并解码，直到还原出源数据。HARQ 在保持了较高的纠错性能的同时，在时延和信道适应性方面都有较好的保证。

1.6 LTE/EPC 接口与协议

1.6.1 LTE/EPC 接口概述

LTE/EPC 网络中涉及的主要接口及接口协议如表 1-4 所示。

表 1-4　LTE/EPC 网络中的接口

接口	协议	协议号	相关实体	接口功能
Uu	L1/L2/L3	36.2××，36.3××	UE-eNB	无线空中接口，主要完成 UE 和 eNB 基站之间的无线数据的交换
X2	X2AP	36.423	eNB-eNB	E-UTRAN 系统内 eNB 之间的信令服务

续表

接口	协议	协议号	相关实体	接口功能
S1-MME	S1AP	36.413	eNB-MME	用于传送会话管理（SM）和移动性管理（MM）信息
S1-U	GTPv1	29.060	eNB-S-GW	在 GW 与 eNodeB 设备间建立隧道，传送数据包
S11	GTPv2	29.274	MME-S-GW	采用 GTP，在 MME 和 GW 设备间建立隧道，传送信令
S3	GTPv2	29.274	MME-SGSN	采用 GTP，在 MME 和 SGSN 设备间建立隧道，传送信令
S4	GTPv2	29.274	S-GW-SGSN	采用 GTP，在 S-GW 和 SGSN 设备间建立隧道，传送数据和信令
S6a	Diameter	29.272	MME-HSS	完成用户位置信息的交换和用户签约信息的管理
S10	GTPv2	29.274	MME-MME	采用 GTP，在 MME 设备间建立隧道，传送信令
S12	GTPv1	29.060	S-GW-UTRAN	在 UTRAN 与 GW 之间建立隧道，传送数据
S5/S8	GTPv2	29.271	S-GW-P-GW	采用 GTP，在 GW 设备间建立隧道，传送数据包
SGi	TCP/IP	RFC	P-GW-PDN	通过标准 TCP/IP 在 PGW 与外部应用服务器之间传送数据

根据接口功能的不同，LTE 系统接口可以分为信令接口和数据接口两类。纯 LTE 接入情景下，基于基本的 EPC 组网架构，网络架构及相应接口协议如图 1-53 所示。其中信令接口包括 S1-MME、S6a 和 S11 接口，数据接口为 S1-U，S5/S8 既是信令也是数据接口。

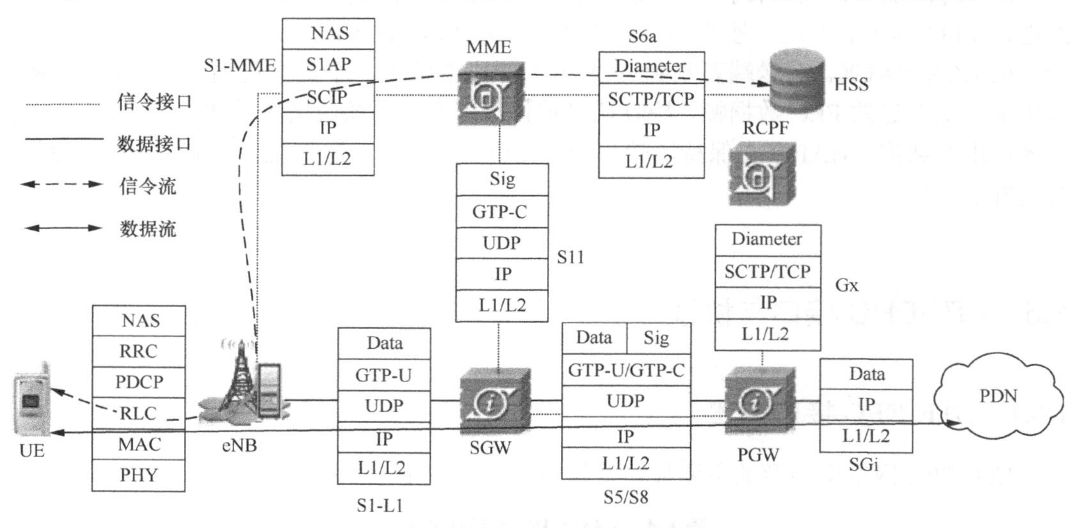

图 1-53　基本的 EPC 网络架构下的接口协议

1.6.2　LTE/EPC 系统协议栈

控制面协议实现 E-UTRAN 和 EPC 之间的信令传输，包括 RRC（Radio Resource

Control，无线资源控制）信令、S1-AP 信令以及 NAS（Non Access Stratum，非接入层）信令。图 1-54 所示为 LTE/EPC 系统控制面协议栈。

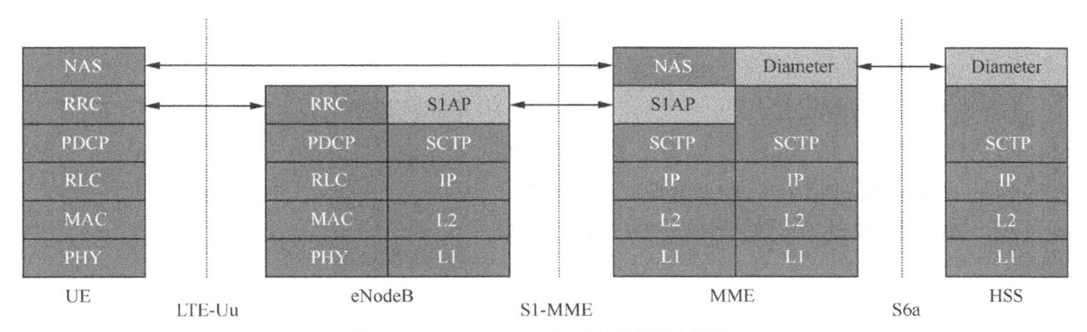

图 1-54　LTE/EPC 系统控制面协议栈

NAS 消息是完全独立于接入技术的功能和过程，是 UE 和 MME 之间交互的所有信令，包括 EMM（EPS Mobility Management，EPS 移动性管理）消息和 ECM（EPS Session Management，EPS 会话管理）消息。这些过程都是在非接入层信令连接建立的基础上才发起的，也就是这些过程对于无线接入是透明的，仅仅是 UE 与 EPC 核心网之间的交互过程。eNodeB 通过 S1-MME 接口实现 NAS 信令的透明传送。其中 RRC 信令和 S1AP 信令作为 NAS 信令的底层承载。RRC 支撑所有 UE 和 eNodeB 之间的信令过程，包括移动过程和终端连接管理。当 S1AP 支持 NAS 信令传输过程时，UE 和 MME 之间的信令传输对于 eNodeB 来说是完全透明的。

通常将 UE 与 eNodeB 之间的 LTE-Uu 接口 NAS 层以下的称为 AS（Access Stratum）层。AS 层协议涵盖 LTE-Uu 接口的 RRC（Radio Resource Control）、DPCP、RLC、MAC 及物理层，完成 Uu 接口无线资源管理功能。

S6a 是 HSS 与 MME 之间的接口，此接口也是信令接口，主要实现用户鉴权、位置更新、签约信息管理等功能。

图 1-55 所示 LTE/EPC 系统用户面协议栈展示了 UE 与外部应用服务器之间通过 LTE/EPC 网络进行应用层数据交互的完整过程。用户面协议最左端是 UE，最右端是应用服务器，EPS 的用户面处理节点包括 eNodeB、SGW 及 PGW。

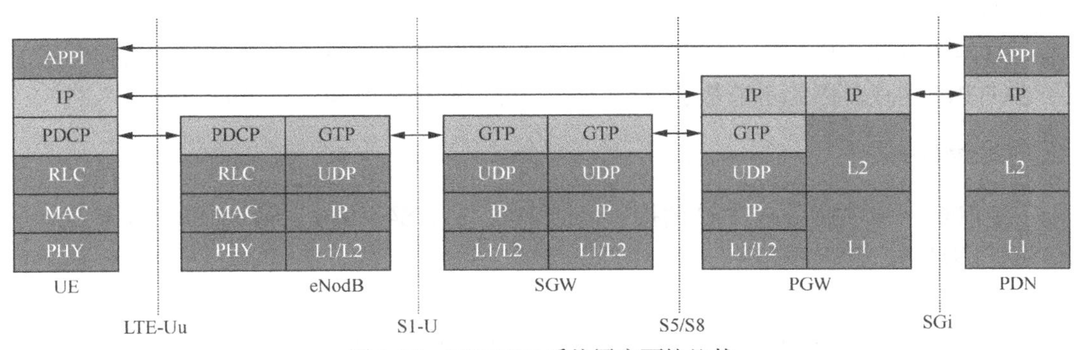

图 1-55　LTE/EPC 系统用户面协议栈

在 EPS 系统中，所有用户平面的接口均采用 GTPv1 协议，用于传送用户的原始数据，即图 1-55 中的 APPI 层的信息，包括图片、声音、视频、文本等各类多媒体数据。用户面的接口包括 LTE-Uu、S1-U、S5/S8 接口用户平面。

1.6.3 主要业务接口

1.6.3.1 S1-MME 接口

S1-MME 作为 eNodeB 和 MME 之间控制面的接口，主要功能包括寻呼、切换、用户上下文管理、承载管理及上层控制信令 NAS 的透明传输。

如图 1-56 所示，S1AP 是 S1-MME 的信令控制协议，主要完成 S1-MME 接口的各种信令与控制的处理，如表 1-5 所示。

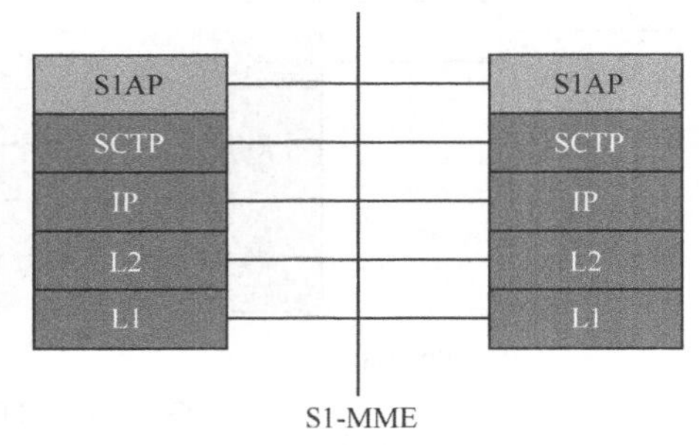

图 1-56 S1-MME 接口协议栈

表 1-5 S1 控制面基本过程表

基本过程	相关消息
NAS 传输过程	初始化 UE
	上行 NAS 传输
	下行 NAS 传输
寻呼过程	寻呼消息
承载管理	承载的建立、修改和释放
用户上下文管理	上下文建立
切换管理	包括用户在不同 eNodeB 间和不同 3GPP 技术间移动时的 S1 接口切换

1.6.3.2 基于 GTP 的接口

EPC 网络采用了两种不同版本的 GTP 协议。GTP（GPRS Tunnel Protocl，GPRS 隧道协议）的基本功能是提供网络节点之间的隧道建立，分为 GTP-C（GTP 控制面）和 GTP-U（GTP 用户面）两类。其中，GTP-C（GTP 控制面）负责传送路径管理、隧道管理、移动性管理和位置管理等相关信令消息，用于对传送用户数据的隧道进行控制。控制面采用的是 GTPv2 协议。

GTP-U（GTP 用户面）用于对所有用户数据进行封装并进行隧道传输；用户面采用的是 GTPv1 协议。因此本节基于 GTP 的接口分成控制平面和用户平面介绍。

1. 控制平面

在 EPC 网络中使用 GTP-C 的接口包括 S11、S3、S4、S10 以及 S5/S8。以下重点介绍 S10、S11 及 S5/S8 接口。

（1）MME 与 MME 间的 S10 接口

S10 接口定义了 MME 之间控制面的通信。通过该接口，老 MME 可以将附着到 EPC 网络的 UE 上下文信息传送给为用户提供服务的新 MME。S10 接口的协议栈如图 1-57 所示。

（2）MME 与 SGW 间的 S11 接口

MME 和 SGW 之间的 S11 接口，用于为用户创建会话（即为这些会话分配必要的资源）并且管理及维护（例如更新、删除、修改等操作）这些会话。通常情况下，一次会话会关联一个或多个 EPS 承载。例如，在用户附着过程中，MME 需要通过 S11 接口向 SGW 发起默认承载的创建过程。

S11 接口的消息通常由终端用户发起的一些 NAS 信令流程触发。比如在设备附着到 EPS 网络时，或在已建立的会话中加入新的承载，以及在切换的场景中，MME 会通过 S11 接口进行承载资源的建设。S11 接口的协议栈如图 1-58 所示。

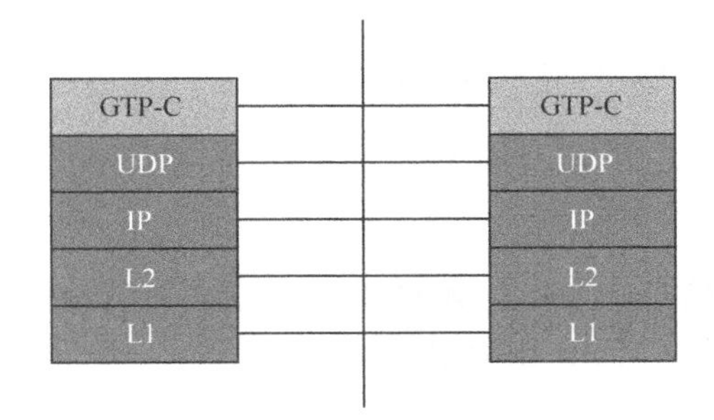

图 1-57　S10 接口的协议栈

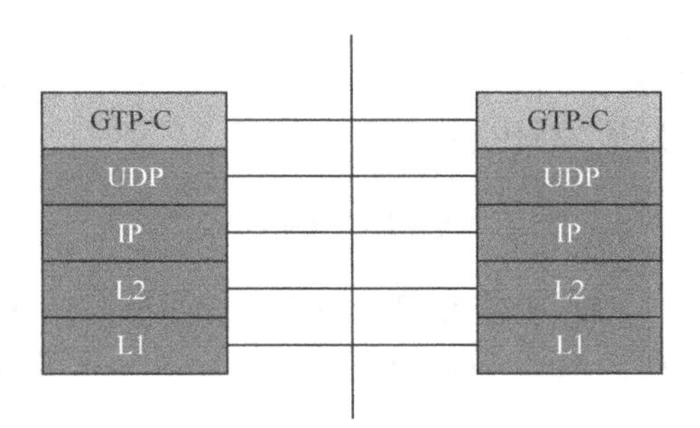

图 1-58　S11 接口的协议栈

（3）SGW 与 PGW 之间的 S5/S8 接口

S5/S8 接口定义了 SGW 和 PGW 之间的通信。其中，S5 接口用于非漫游的场景下，属于同一个 PLMN 的 SGW 和 PGW 之间的通信。S8 接口用于漫游场景下，分属于两个不同 PLMN 的 SGW 和 PGW 之间的通信。两种场景下，S5/S8 接口所采用的协议及协议栈是完全一样的，因此通常将 S5/S8 接口合并介绍。

当采用 GTP-C 接口作为 S5/S8 接口的控制面协议时，该接口用于为用户创建、删除、修改 EPS 承载。

S5/S8 接口的协议栈如图 1-59 所示。

2. 控制平面

在纯 LTE 接入的网络架构下，用户面的接口包括 LTE-Uu、S1-U、S5/S8 接口用户平面。其中 S1-U 和 S5/S8 接口都采用 GTPv1 协议，对所有用户数据进行封装并进行隧道传输。图 1-60 给出了 EPC 网络中的用户面协议栈。

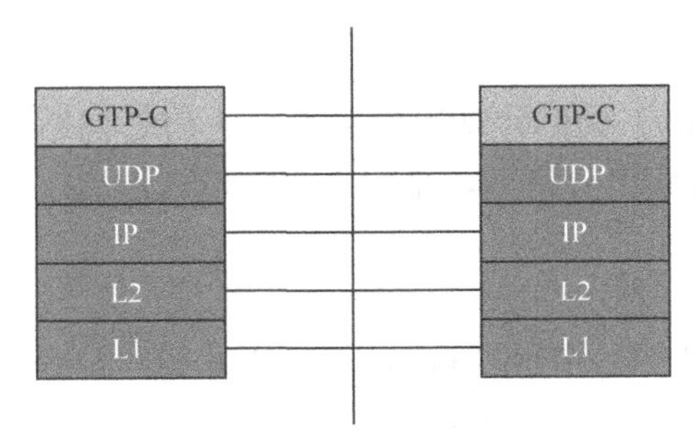

图 1-59　S5/S8 接口的协议栈

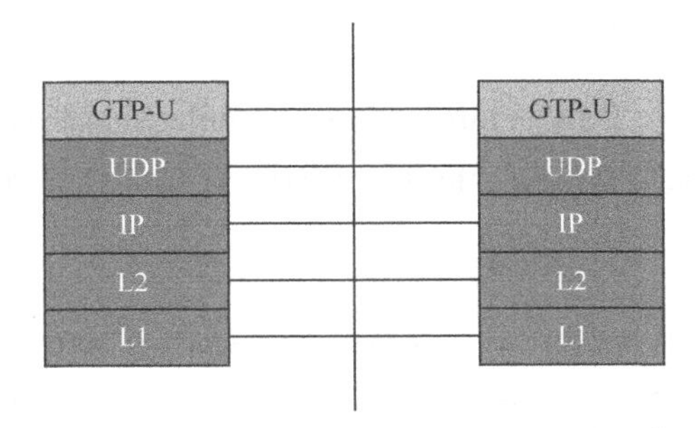

图 1-60　S1-U 及 S5/S8 用户面接口的协议栈

1.6.3.3 S6a 接口

S6a 接口定义了 MME 和 HSS 之间的通信，该接口可以在 MME 和 HSS 之间。S6a 接口的主要功能包括以下几个方面。

1. 鉴权功能

HSS 为 MME 提供 EPS 鉴权参数，当用户接入时，对用户身份的合法性进行鉴权。

2. 授权

HSS 中的签约参数包含了用户签约数据，如 APN、业务类型、QoS 等信息。通过这些签约信息可以对用户访问 EPS 网络进行授权。这些签约数据是在附着过程中，由 HSS 下发给 MME 的。

3. 登记及管理位置信息

HSS 中需要记录为用户提供服务的 MME 信息，当服务 MME 发生变更时，新 MME 需要向 HSS 发起位置更新。HSS 也需要通知老的 MME 删除用户相关上下文。

4. 签约信息的变更

当用户状态变化、终端改变或者用户当前 APN（接入点名）的 P-GW 信息改变时，MME 向 HSS 发通知请求消息。

S6a 接口的应用层协议为 Diameter，传输层协议则采用了 SCTP（Stream Control Transmission Protocol）。图 1-61 给出了 S6a 接口的协议栈。

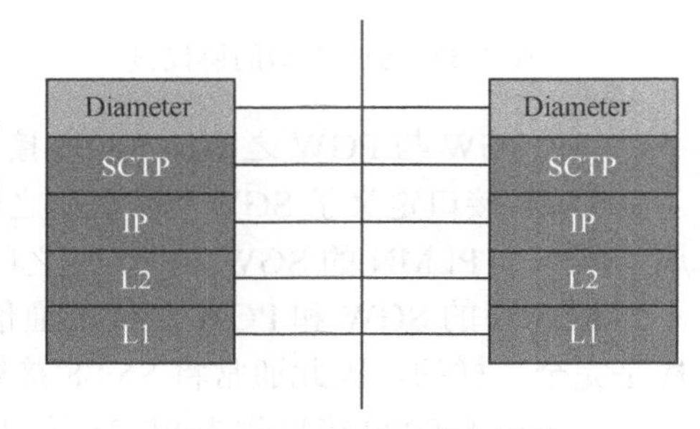

图 1-61 S6a 接口的协议栈

1.7 EPC 网络的重要概念

1.7.1 IMSI

1. 概念

IMSI（International Mobile Subscriber Identity，国际移动用户标识）是 EPC 网络分配给移动用户的唯一识别号，用于在全球唯一标识一台终端，采取 E.212 编码方式。

2. 结构

IMSI 由三部分组成，结构为 MCC（Mobile Country Code，移动国家码）+MNC（Mobile Network Code，移动网络号）+MSIN（Mobile Station Identification Number，移动台识别号码），格式如图 1-62 所示。

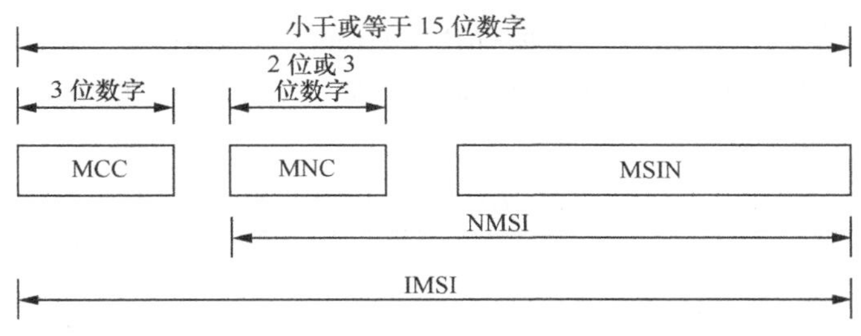

图 1-62　IMSI 号码结构

IMSI 号码结构说明如表 1-6 所示。

表 1-6　IMSI 号码结构说明

号码结构	说明	格式	示例
MCC	移动国家码，标识移动用户所属的国家	3 位十进制数	中国的MCC为460
MNC	移动网络号，标识移动用户的归属 PLMN（Public Land Mobile Network，公共陆地移动网）	2 位十进制数	中国电信 CDMA 网络的 MNC 为 03
MSIN	移动台识别号码，标识一个 PLMN 内的移动用户	XX-H1H2H3H4-ABCD（XX 为移动号码的号段）	—

3．分配原则

IMSI 只能包含数字字符（0～9），最多不能超过 15 位。MCC 由 ITU（International Telecommunications Union，国际电信联盟）管理，在世界范围内统一分配。MNC 和 MSIN 合起来，组成国家移动用户识别码（NMSI）。NMSI 由各个运营商或国家政策部门负责。如果一个国家有多个 PLMN，则每一个 PLMN 都应该分配唯一的移动网络代码。

1.7.2　GUTI

1．概念

和 2G/3G 网络一样，为了保护 UE 的永久身份标识 IMSI 在空口传输时不被窃听，LTE 中也定义了 UE 的临时标识 GUTI（Globally Unique Temporary Identify，全球唯一临时标识）对 IMSI 进行保护。GUTI 是 EPS 核心网交换系统分配给移动用户的唯一临时识别号。

一个新的 GUTI 会通过 GUTI 重分配流程，由 MME 分配给 UE，当 UE 获得 GUTI 后，在后续 UE 和网络的信令交互中，UE 可以通过 GUTI 来标识自己，而不会使用 IMSI。GUTI 的有效范围是一个跟踪区，因此当用户所在的跟踪区发生改变时，MME 需要通过跟踪区更新流程为 UE 重新分配 GUTI。

2．结构

整体上看，GUTI 由 GUMMEI 和 M-TMSI 两个部分组成。其中 GUMMEI 是标识分配该 GUTI 的 MME，M-TMSI 是标识该 MME 下的 UE。GUMMEI（Globally Unique MME Identify）用于在全球范围内唯一地标识一台 MME，由 MCC+MNC+MME Group ID+ MMEC（MME Code，MME 编码）构成。

因此，GUTI 的结构为 MCC+MNC+MME Group ID+MMEC（MME Code，MME 编码）+M-TMSI（M-Temporary Mobile Subscriber Identity，M 临时移动用户识别码）。GUTI 号码结构说明如表 1-7 所示。

表 1-7　GUTI 号码结构说明

号码结构	说明	格式
MCC	标识移动用户所属的国家	3 位十进制数
MNC	标识移动用户的归属 PLMN（Public Land Mobile Network，公共陆地移动网）	2 位十进制数
MME Group ID	MME 网元组标识	32 位二进制数
MMEC	MME 的编码	16 位二进制数
M-TMSI	由于在 MME 内只有本地识别，因此 M-TMSI 的结构和编码可以由运营商和制造商共同确定，以满足实际运营的需要	8 位二进制数

3．分配原则

GUTI 是由 MME 分配给用户的唯一识别号。GUTI 的功能类似于 IP 网络中的 IP 地址，IP 地址既是 IP 节点的标识，同时具有路由寻址的功能。因此，GUTI 在 EPC 网络中同时具有标识 UE 和寻址 MME 的功能。

1.7.3　MSISDN

1．概念

MSISDN（Mobile Subscriber International ISDN/PSTN Number，移动用户国际号码）是指主叫用户在呼叫 GSM PLMN 中的一个移动用户所需拨的号码，作用同固定网的 PSTN 号码，是在公共电话网交换网络编号计划中，唯一能识别移动用户的号码。MSISDN 采用 E.164 编码方式存储在 HLR 和 VLR 中，在 MAP 接口上传送。

2．结构

MSISDN 由三部分组成，结构为 CC（Country Code，国家码）+NDC（National Destination Code，国内接入号）+SN（Subscriber Number，用户号码）。

3．分配原则

MSISDN 是 ITU-T（International Telecommunication Union-Telecommunication Standardization Sector，国际电信联盟－电信标准部）分配给移动用户的唯一识别号，采取 E.164 编码方式。

1.7.4　IMEI

1．概念

IMEI（International Mobile Station Equipment Identity，国家移动终端设备标识）用于

标识终端设备，也可以用于验证终端设备的合法性。

2. 结构

IMEI 由三部分组成，结构为 TAC（Type Approval Code，设备型号核准号码）+SNR（Serial Number，出厂序号）+Spare。IMEI 号码结构说明如表 1-8 所示。

表 1-8　IMEI 号码结构说明

号码结构	说明	格式
TAC	设备型号核准码	8 个数字
SNR	一组独立的号码，唯一确定每个移动设备	6 个数字
Spare	通常为 0	1 个数字

3. 分配原则

TAC 是设备发行时定义的。SNR 由各设备厂商自主分配。

1.7.5　APN

1. 概念

APN（Access Point Name，接入点名称）用于通过运营商中的 DNS（Domain Name System，域名系统）将 APN 转换为 PDN-GW 的 IP 地址。

2. 结构

APN 由两部分组成，结构为 APN 网络标识+APN 运营者标识。APN 号码结构说明如表 1-9 所示。

表 1-9　APN 号码结构说明

号码结构	说明	格式
APN 网络标识	是由网络运营者分配给 ISP 或公司的、与其固定 Internet 域名一样的一个标识，表示 PGW 与哪个外网相连	<APN_NI>.apn.epc
APN 运营者标识	用于标识归属运营商网络	由三部分组成，最后一部分必须为“3gppneteork.org”，其形式为“mmcxxx. mccyyy. 3gppnetwork.org

因此 LTE 的域名结构为<APN_NI>.apn.epc. mmc<xxx>.mcc<yyy>. 3gppnetwork.org，其中需要注意的是 MNC 必须是 3 位，如果 MNC 是 2 位，应在最高位左侧填 0。例如，中国移动“cmnet”的 APN 格式为“cmnet.apn.epc.mnc000.mcc460. 3gppnetwork.org”。

3. 分配原则

APN 网络标识通常作为用户签约数据存储在 HSS 中，用户在发起分组业务时也可向 MME 提供 APN。

1.7.6 TAI/TA List

1. 概念

TAI（Tracking Area Identity，跟踪区标识）用于标识 TA（Tracking Area，跟踪区）。TA 是 LTE 系统为 UE 的位置管理新设立的概念。TA 是小区级的配置，TA 由若干个小区组成，且一个小区只能属于一个 TA。LTE 小区的覆盖范围从几十米、几百米到数千米不等，因此跟踪区的大小可以覆盖一个城市的部分区域，甚至整个城市。

在 EPS 系统中，当用户的位置发生变化时，需要即时通知网络。为了减少 UE 与网络之间位置更新的信令流量，LTE 系统引入了 TA List 即 TA 列表的概念，一个 TA List 包含 1～16 个 TA。MME 可以为每一个 UE 分配一个 TA List，并发送给 UE 保存。例如，如图 1-63 所示，TA List1 包含 TA1 和 TA2，TA List2 包含 TA3、TA4 和 TA5。

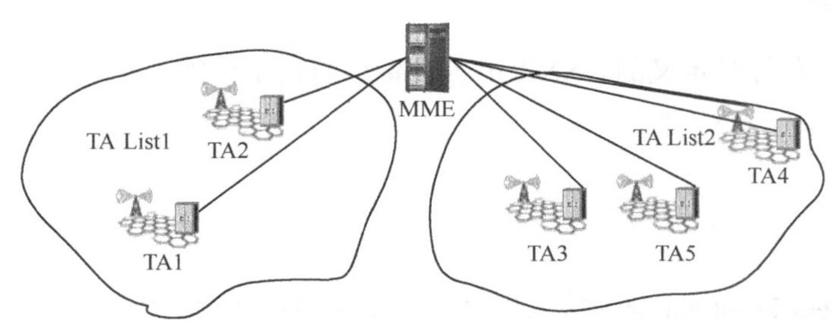

图 1-63　TA 与 TA List

当 UE 在同个 TA 列表里移动时，不需要触发 TA 更新流程。当 UE 进入不在其所注册的 A 列表中的新 TA 区域时，需要执行 TA 更新，此时 MME 会给 UE 重新分配一个新的 TA List，新分配的 TA 也可能包括原有 TA 列表中的一些 TA。在有业务需求时，网络会在 TA List 所包含的所有小区内向 UE 发送寻呼消息。

在 LTE 中，MME 的寻呼范围是整个跟踪区列表，即 TA List 的大小与 Paging（寻呼）的信令量是成正比的，即 TA List 越大，Paging 的信令量越大，UE 进行 TAU 的频度越小；而 TA List 越小，Paging 的信令量就越少，但 UE 发生 TAU 的频度会比较大。因此，分配合适的 TA List 对优化系统的性能非常重要。

由于 TA List 的分配是一种实现方法，3GPP 规范中没有规定具体的实现算法，由设备厂商自行设计，如可以将 UE 的当前 TA（或其周围的一个或多个 TA）包含到该 UE 的 TA List 中，也可以根据 MME 中的已有参数进行 UE 移动速率与移动方向的估计，从而分配一个更合适的 TA List。

在 LTE 系统中，寻呼和位置更新都是基于 TA List 进行的，因此合理的 TA List 分配方式和设计方法可以有效地减少 UE 与网络的频繁交互，即 TAU 流程发生的概率，可以大大降低空口信令负荷，有效提高资源利用率。

2. 结构

TAI 由三部分组成，格式为 TAC（Tracking Area Code，跟踪区代码）+MNC+MCC。

TAI 号码结构说明如表 1-10 所示。

表 1-10　TAI 号码结构说明

号码结构	说明	格式
TAC	在 EPS 中，一个或多个小区组成一个跟踪区，跟踪区之间没有重叠区域	16bit
MNC	移动网络号，标识移动用户的归属 PLMN（Public Land Mobile Network，公共陆地移动网）	两个数字
MCC	移动国家码，标识移动用户所属的国家	三个数字

3. 分配原则

TAI 由 E-UTRAN 分配。TA 列表重分配可能在 Attach、Tracking Area Update 及 GUTI 过程中由 MME 分配给 UE。

1.7.7　PDN 连接与 EPS 承载

1.7.7.1　PDN 连接

1. 什么是 PDN 连接

PDN（Packet Data Network）是所有基于分组交换网络的总称，通常可以分为 Internet 公网和 Intranet 企业私网。PDN 网络在分组域网络中用 APN 来区分，运营商通过设置不同的 APN 来提供不同的服务，比如中国移动的 cmnet 用于提供 Internet 服务，cmwap 提供运营商的自由服务，如手机邮箱、移动梦网、手机报等增值服务。

在 EPS 网络中，UE 需要访问 PDN 中的业务时，首先建立一条到 PDN 网络的逻辑连接，这条逻辑连接称为 PDN 连接。建立 PDN 连接时，需要为终端分配一个 IP 地址来实现用户数据网络中的路由和转达，同时根据 APN 选择 PGW。PDN 连接必须关联 UE 的 IP 地址，PDN 由 APN 标识。可以说 1 个 PDN 连接=1 个 IP 地址+1 个 APN 来标识。EPC 支持一个终端同时建立多条 PDN 连接，比如某个企业网用户在建立连接本企业网的 PDN 连接的同时，可以同时建立到 Internet 的 PDN 连接。

2. PDN 与 QoS

在 PDN 网络中存在不同类别的应用服务，比如用户在连接到 Internet 时，可以进行网页浏览、在线视频、FTP 下载等不同的应用服务，这些不同的业务对网络 QoS 的要求显然是不一样的，为了对不同服务都有良好的使用体验，需要针对不同业务采用不同的 QoS 控制策略。

EPS 网络中实现 QoS 的一个基本机制就是 EPS 承载（EPS Bear）。一个 PDN 连接由一个或多个 EPS 承载组成。每个 EPS 承载都与一组 QoS 参数关联，用以描述该 EPS 承载所需要的 QoS，比如承诺的上下行比特率、延时等。相同类别的业务数据流可以由同一种 EPS 承载来传送，不同类别的业务流在需要传送时，可以创建多个不同的 EPS 承载，这些承载都关联到相同的 PDN，即 APN、UE 的 IP 地址都是相同的，不同之处在于各个承载的 QoS 不同，如图 1-64 所示。

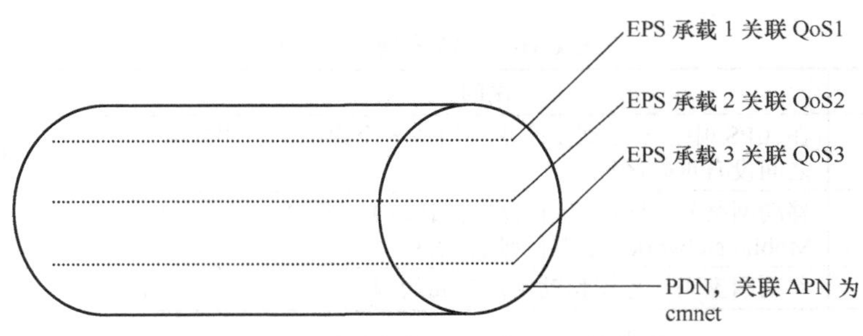

图 1-64 单用户的 PDN 与 Qos 的关系

1.7.7.2 默认承载和专有承载

如前所述，一个 PDN 连接由至少一个 EPS 承载组成，根据不同业务对 QoS 的需求建立更多的 EPS 承载。在一个 PDN 链接中，只有一个默认承载，但可以有多个专用承载。一般来说，一个用户最多建立 11 个承载。默认承载 1 条，最多 10 条专有承载。

在 PDN 连接建立时激活的第一个 EPS 承载，称为默认承载（Default Bearer）。默认承载关联用户默认的 QoS 参数，在 EPS 网络中 3GPP 引入了永久在线的概念，它是指终端发起附着流程时，伴随着用户附着过程会创建一个默认承载并一直保持存在。3GPP 规范中没有定义默认承载去激活的流程，也就是说只要用户附着在网络上，默认承载永久存在，直到用户去附着才会释放默认承载。

在该 PDN 网络中，后续建立的 EPS 承载称为专用承载（Dedicated Bearer）。专用承载是为同一用户连接到同一个 PDN 网络需要不同 QoS（默认承载不能满足的）保证的业务流建立的不同于默认承载的 EPS 承载。例如，当用户要访问 PDN 网络中的高清视频业务时，如果默认承载不足以提供足够的 QoS 保障的话，系统会建立一条专用承载用于传送高清视频业务流。当高清视频业务访问结束时，专用承载可以被单独释放，在有业务需求时再次建立。

图 1-65 给出了默认承载、专用承载及 PDN 连接之间的关系，UE 发起建立一个 PDN 连接，该 PDN 网络用 APN1 标识。该 PDN 连接包含 1 条默认承载和 2 条专用承载。其中，默认承载是在附着过程中创建完成的，后续 2 条专用承载是按需创建的，需要 UE 发起针对特定业务的访问来动态触发建立。

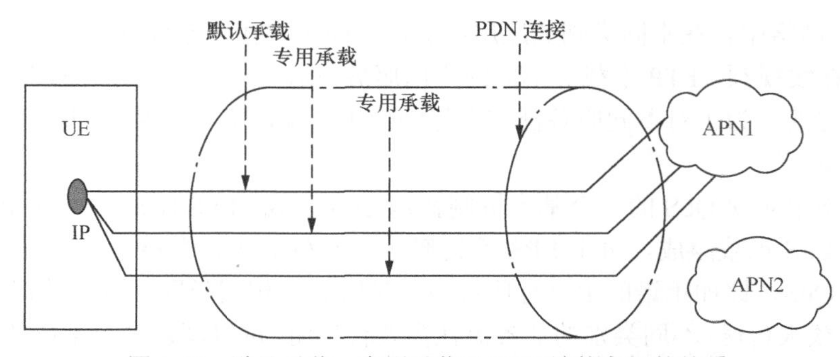

图 1-65 默认承载、专用承载及 PDN 连接之间的关系

1.7.7.3　QoS

EPS 系统提供一套端到端的 QoS 控制机制，由 LTE 终端、eNodeB、EPC 设备共同实现，其特征如下。

（1）基于网络的 QoS 接纳控制：相比 2G/3G，QoS 控制由 UE 侧发起，EPS 承载的 QoS 控制策略的决策和下发由网络侧决定，减少了 QoS 协商步骤，避免网络资源的浪费，有效提高网络资源利用率。

（2）简化 QoS 控制参数：将 QoS 控制参数简化为 4 个参数，有利于业务 QoS 策略的制订和下发。

（3）提高资源复用能力：引入聚合最大带宽的概念，对资源进行统筹管理，避免承载空闲态的预留资源浪费，提高承载的统计复用能力，提高无线资源的使用效率。

（4）多级 QoS 控制粒度：给出基于承载级、APN 级、用户级三种粒度的 QoS 控制机制，指定更灵活的业务策略来提高 QoS 保证。

EPS 定义了承载级、APN 级、UE 级三个粒度的 QoS 参数，并依据各自特性定义相关的 QoS 参数。HSS 仅签约与默认承载相关的 QoS 参数，专用承载 QoS 参数由 PCRF 动态决策生成。

其中，承载级 QoS 参数包括 QCI（Qos Class Identifier，QoS 分类表示码）、ARP（Allocation and Retention Priority，分配和保持优先）、GBR（Guaranteed Bit Rate，保证的比特速率）、MBR（Maximun Bit Rate，最大的比特速率），每个 QoS 参数都对应一个上行部分和下行部分。如表 1-11 所列为 QoS 参数体系。

表 1-11　QoS 参数体系

QoS 参数介绍		承载级 QoS				APN-AMBR	UE-AMBR
		QCI	ARP	GBR	MBR		
默认承载		√签约	√签约				
专用承载	Non-GBR 专用承载	√	√				
	GBR 专用承载	√	√	√	√		
用户某一 APN 内所有 non-GBR 承载						√签约	
用户所有 non-GBR 承载							√签约

（1）ARP

分配保留优先级，在资源受限的情况下，决定是否接受承载的建立/更新请求。另外，ARP 还可以用于资源受限时（如切换过程）决定释放的承载。

（2）GBR

保证比特速率，系统通过预留资源等方式保证数据流的比特速率在不超过 GBR 时能够全部通过，超过 GBR（Guaranteed Bit Rate）的流量可以按照以下几种方式处理：拥塞时超过 GBR 的流量会被丢弃，不拥塞时超过 GBR 但小于 MBR 的流量可以通过。

（3）MBR

最大比特率，系统通过限制流量的方式禁止数据流的比特速率超过 MBR（Maximum Bit Rate）。

（4）QCI

EPS 承载的 QoS 类别由新的 QoS 参数 QCI 指明。QCI 是个数字，代表了一种 QoS

等级，对 QoS 的标准进行了具体的量化。每个 QCI 值对应优先级、延迟及错误丢失率三种不同的 QoS 属性。

表 1-12 给出了 QCI 参数的简化说明，其中 QCI 1～4 用于 GBR（Guaranteed Bit Rate，保证比特率）的承载，取值 5～9 分配给非 GBR（Non- Guaranteed Bit Rate，非保证比特率）承载。EPS 承载一定是非 GBR 承载，并会赋予较低的 QoS 属性，而 EPS 专用承载既可能是 GBR 承载，也可能是非 GBR 承载，要根据业务需求来决定。

表 1-12　QCI 描述表

序号	资源类型	优先级	时延预算	丢包率	业务举例
1	GBR (Guaranteed Bit Rate)	2	100ms	10^{-2}	LTE 语音
2		3	50ms	10^{-3}	实时游戏
3		4	150ms	10^{-3}	视频会议、视频通话，如新闻采编播
4		5	300ms	10^{-6}	视频
5	Non-GBR	1	100ms	10^{-6}	IMS 信令
6		6	300ms	10^{-6}	Video (缓冲流) TCP-based (如 www, e-mail, chat, ftp, p2p file sharing, progressive video, etc.)
7		7	100ms	10^{-3}	语音、视频（在线流媒体）交互类游戏
8		8	300ms	10^{-6}	Video (缓冲流), TCP-based (如 www, e-mail, chat, ftp, p2p file)
9		9	—	—	sharing, progressive video, etc.

（5）APN-AMBR 和 UE-AMBR

在 EPS 系统还定义了 APN 级别的 QoS，即 APN-AMBR（APN-Aggregate Maximum Bit，APN 聚合最大比特率），APN-AMBR 参数是关于某个 APN 所有的 Non-GBR 承载的比特速率总和的上限。本参数存储在 HSS 中，它限制同一 APN 中所有 PDN 连接的累计比特速率的总和。该参数可以作为 HSS 签约数据的一部分，也可以被 PCRF 修改，具体执行由 PGR 负责。

UE 级别的 QoS，称为 UE-AMBR（UE-Aggregate Maximum Bit，UE 聚合最大比特率），该参数是关于某个 UE、所有 Non-GBR 承载的、所有 APN 连接的比特率总和的上限。本参数作为签约数据存储在 HSS 中，当 UE 建立起第一个连接时，相应的上下行 UE-AMBR 通过注册过程传送给 eNodeB，由 eNodeB 完成控制和执行。

如前面提到，一个 EPS 承载是 UE 和 PDN GW 间的一个或多个业务数据流（Service Data Flow，SDF）的逻辑聚合。在 EPC / E-UTRAN 中，承载级别的 QoS 控制是以 EPS 承载为单位进行的。即映射到同一个 EPS 承载的业务数据流，将受到同样的分组转发处理（如调度策略、排队管理策略、速率调整策略、RLC 配置等）。如果要对两个 SDF 提供不同的承载级 QoS，则这两个 SDF 需要分别建立不同的 EPS 承载。建立过程与实现原理如图 1-66 所示。

首先，UE 通过 UL-TFT 将一个上行 SDF 绑定成一个 EPS 承载。如果在 UL-TFT 中包含多个上行分组数据包过滤器，则多个 SDF 将可以复用相同的 EPS 承载。

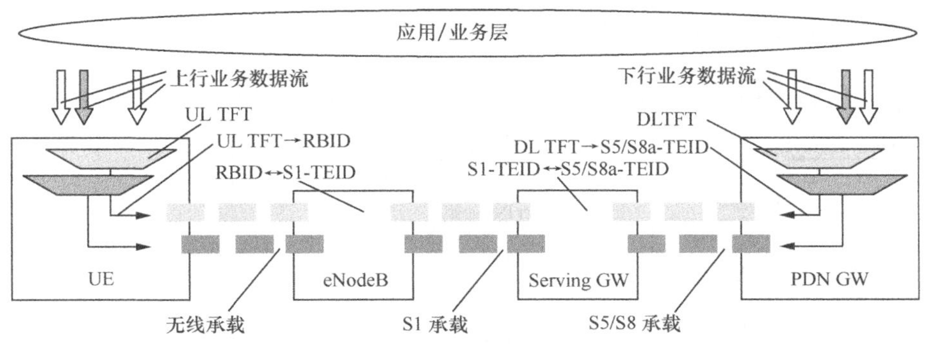

图 1-66　用户数据端到端的 QoS 处理过程

随后依顺序，UE 通过创建 SDF 与无线承载之间的绑定，实现 UL-TFT 与无线承载之间的一一映射；eNodeB 通过创建无线承载与 S1 承载之间的绑定，实现无线承载与 S1 承载之间的一一映射；S-GW 通过创建 S1 承载与 S5/S8 承载之间的绑定，实现 S1 承载与 S5/S8 承载之间的一一映射。

最终，EPS 承载数据通过无线承载、S1 承载以及 S5/S8 承载的级联，实现 UE 对外部 PDN 网络之间 PDN 连接业务的支持。

1.8　LTE/EPC 主要业务流程

1.8.1　附着流程

附着流程是用户注册到 LTE 网络上的流程，是用户开机后的第一个过程，是后续所有流程的基础。

在附着过程中，MME 会为用户建立一个默认承载，也会对用户进行鉴权。如果用户是首次附着到 LTE 网络上，则必须鉴权。

附着流程完成之后，同时激活了一个默认承载，用户可以通过 LTE 网络访问数据业务和其他业务。一个完整的业务流程如图 1-67 所示。

有关业务流程的简要介绍如下。

1. UE 通过发送 Attach Request 消息及包含选择的网络和老 GUMMEI 的 RRC 参数到 eNB 发起附着流程。

2. eNB 通过 RRC 参数中的老 GUMMEI 和指示的选择网络查找到 MME。eNB 将 Attach Request 消息通过初始 UE 消息及接收到的选择网络和 TAI+ECGI 前转给新 MME。

3. 如果 UE 通过 GUTI 识别并且分离后 MME 已经改变，新 MME 通过 UE 带上来的 GUTI 找到老 MME/SGSN 地址，再发送一个标识请求消息给老 MME/SGSN 以请求 IMSI。如果消息发送到老 MME，老 MME 通过 NAS MAC 验证 Attach Request 消息通过后给新 MME 回标识响应消息；如果消息发送到老 SGSN，老 SGSN 通过 P-TMSI 签名验证 Attach Request 消息，通过后给新 MME 回标识响应消息；如果 UE 在老 MME/SGSN 中是未知的，或者 Attach Request 消息完整性检查或 P-TMSI 签名检查失败，老 MME/SGSN

通过发送错误原因值响应给新 MME。

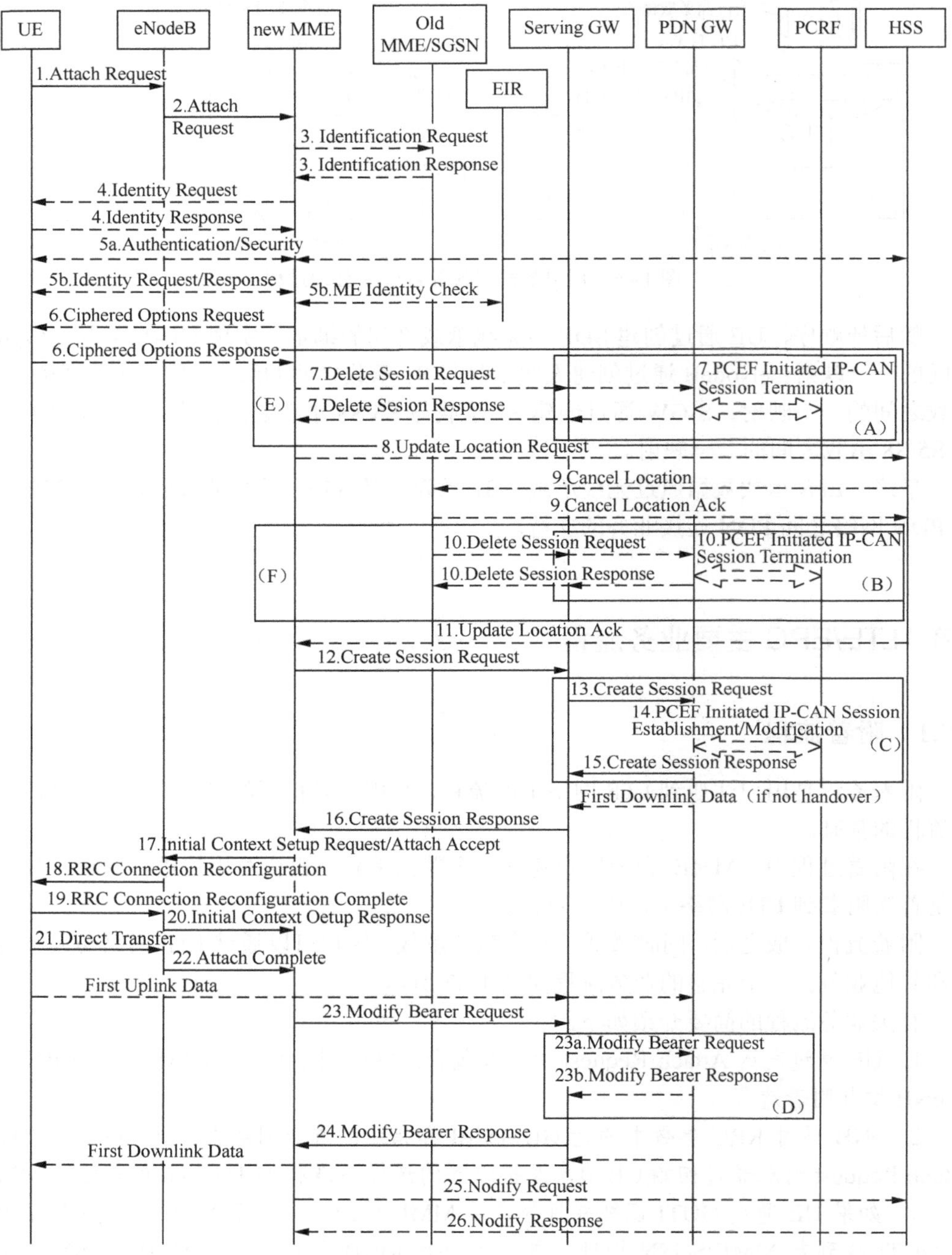

图 1-67　附着流程

4. 如果 UE 在老 MME/SGSN 和新 MME 未知，新 MME 发送标识请求消息给 UE 以请求 IMSI。UE 给 MME 回标识响应消息。

5a. 如果网络侧没有 UE 上下文，如果 Attach Request 消息没有完整性保护，或者完整性检查失败，(鉴权和 NAS 安全建立以激活完整性保护和 NAS 加密是必须的)否则安全过程是可选的。从这步开始，后续的所有 NAS 消息都将使用 NAS 安全功能（加密和完整性保护）进行保护。

5b. ME 标识从 UE 获取。ME 标识应加密传输。为了减少信令延迟，ME 标识可以通过 5a 中的 NAS 安全建立过程获取。MME 可能发送 ME 标识检查请求消息给 EIR。EIR 给 MME 回 ME 标识检查应答消息，消息包含检查结果。MME 根据检查结果决定是继续 Attach 流程还是拒绝 UE。

6. 如果 UE 在 Attach Request 消息中设置了加密选项传输标识，加密选项如 PCO 或 PCO 或两者应现在通过该步骤从 UE 获取。

7. 如果在新 MME 上有用户激活的承载，新 MME 通过发送删除会话请求消息给 GW 删除承载。GW 给 MME 回删除会话响应。如果部署了 PCRF，PDN GW 执行 IP-CAN 会话结束过程来指示释放资源。

8. 如果从 UE 上次分离后 MME 改变了，或 MME 没有 UE 的有效的签约上下文，或如果 ME 标识改变，或如果 UE 提供的 IMSI 或者 UE 提供的老 GUTI 在 MME 没有关联到有效的上下文，MME 发送更新位置请求消息给 HSS。

9. HSS 发送取消位置消息给老 MME。老 MME 回应取消位置应答消息，删除 MM 和承载上下文。如果更新类型指示 Attach 并且 SGSN 在 HSS 注册，HSS 发送取消位置消息给老 SGSN。

10. 如果在老 MME 上有用户激活的承载，老 MME 通过发送删除会话请求消息给 GW 删除承载。GW 给 MME 回删除会话响应。如果部署了 PCRF，PDN GW 执行 IP-CAN 会话结束过程来指示释放资源。

11. HSS 发送更新位置应答消息给新 MME，消息包含 IMSI、签约数据等。

12. MME 选择 PDN GW 和 Serving GW，MME 向 Serving GW 发送创建会话请求消息。

13. Serving GW 创建 EPS 承载的一个新入口，发送创建会话请求消息给之前选择的 PDN GW。

14. 如果部署了动态 PCC 并且切换指示不存在，PDN GW 执行 IP-CAN 会话建立过程，从而获得 UE 默认 PCC 规则。

如果部署了动态 PCC 并且切换指示存在，PDN GW 执行 PCEF 发起的 IP-CAN 会话修改过程。

15. PDN GW 创建 EPS 承载的一个新入口，生成一个计费标识。PDN GW 返回创建会话响应消息给 Serving GW。

16. Serving GW 返回创建会话响应消息给新 MME。

17. 新 MME 发送 Attach Accept 消息给 eNB。如果新 MME 分配新的 GUTI，则消息中包含 GUTI。这条消息包含在 S1-MME 控制面初始上下文建立请求消息中。

18. eNB 发送包含 EPS 无线承载标识的 RRC 连接重配消息及 Attach Accept 消息给 UE。

19. UE 发送 RRC 连接重配完成消息给 eNB。

20. eNB 发送初始上下文响应消息给新 MME。

21. UE 发送直传消息给 eNB，该消息包含 Attach Complete 消息。

22. eNB 通过上行 NAS 传输消息前转 Attach Complete 消息给新 MME。

23. 新 MME 接收到第 21 步的初始上下文响应消息和第 22 步的 Attach Complete 消息，新 MME 发送修改承载请求消息给 Serving GW。

23a. 如果第 23 步包含切换指示，Serving GW 发送修改承载请求消息给 PDN GW，使其将报文从非 3GPP 接入切换到 3GPP 接入，立即将报文发给 Serving GW。

23b. PDN GW 向 Serving GW 发送修改承载响应消息。

24. Serving GW 向新 MME 发送修改承载响应消息。Serving GW 可以发送缓存的下行报文。

25. 新 MME 接收到 Serving GW 发送的修改承载响应消息。如果请求类型没有指示切换，承载建立，签约数据指示用户被容许切换到非 3GPP 接入，并且如果 MME 选择的 PDN GW 不同于 HSS 签约 PDN 上下文的 PDN GW 标识，MME 应发送通知请求消息给 HSS。

26. HSS 保存 APN 和 PDN GW 标识对，发送通知响应消息给 MME。

1.8.2 去附着流程

当 UE 不需要或者不能够继续附着在网络时，将发起去附着流程，即去附着流程是 UE 从 EPS 网络上注销的流程。根据发起方的不同，去附着过程可分为 UE 侧发起或网络侧发起，接下来展示由 UE 发起的去附着流程，如图 1-68 所示。

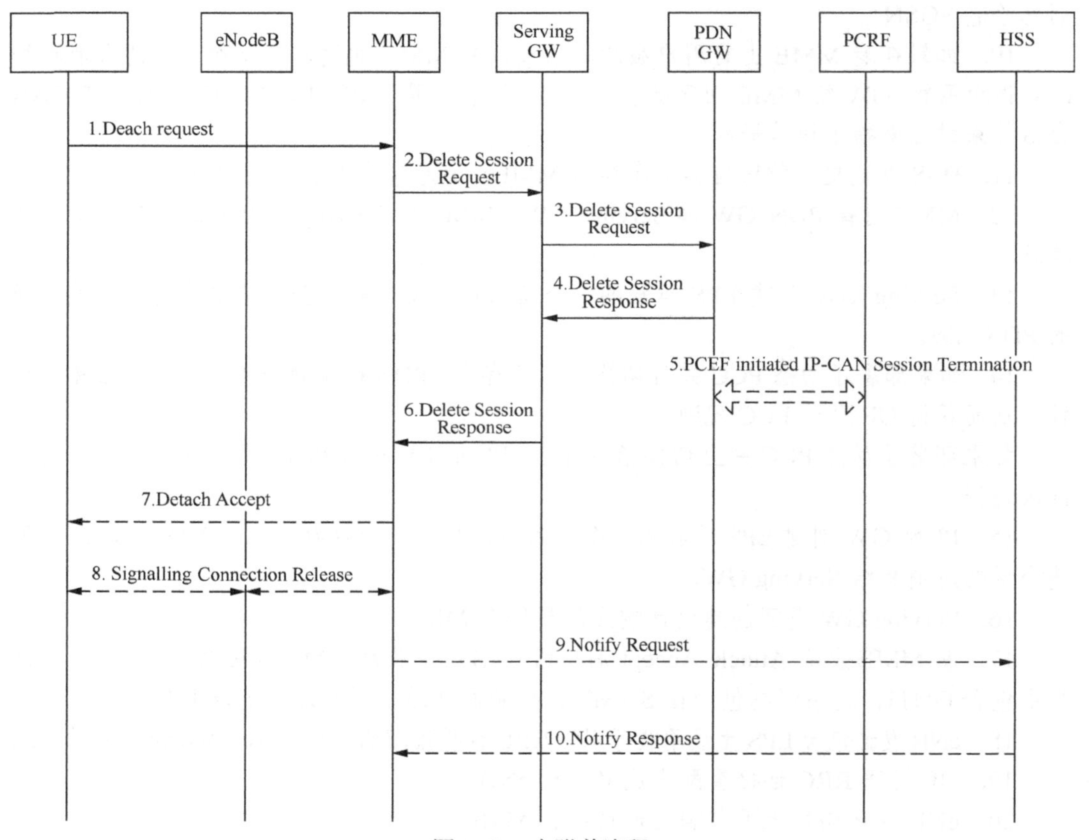

图 1-68 去附着流程

有关业务流程的简要介绍如下。

1. UE 发送 NAS 消息 Detach Request 消息给 MME。

2. MME 按每 PDN 连接发送删除会话请求消息（TEID）给 Serving GW。

3. Serving GW 释放相关承载信息，按每 PDN 连接发送删除会话请求消息（TEID）给 PDN GW。

4. PDN GW 给 Serving GW 回删除会话响应消息（TEID）。

5. 如果 PCRF 已经部署，PDN GW 执行 PCEF 发起的 IP-CAN 会话结束流程去指示 PCRF 释放 EPS 承载。

6. Serving GW 向 MME 发送删除会话响应消息（TEID）。

7. 如果关机指示分离不是关机引起的，则 MME 发送 Detach Accept 给 UE。

8. MME 发送 S1 释放命令给 eNB，释放 UE 的 S1-MME 信令连接。

9. MME 接收到 Serving GW 发送的删除会话响应消息之后，如果签约数据指示用户被容许切换到非 3GPP 接入并且 MME 配置分离通知 HSS，MME 应发送通知请求指示 HSS 删除 UE 的 APN 和 PDN GW 标识对。

10. HSS 删除用户所有动态保存的 APN 和 PDN GW 标识对，发送通知响应消息给 MME。

1.8.3　TA 更新流程

当移动台由一个 TA List 移动到另一个 TA List 时，必须在新的 TA List 上重新进行位置登记以通知网络更改它存储的移动台的位置信息，这个过程就是跟踪区更新（Tracking Area Update，TAU）。TAU 流程可能涉及的网元包括 UE、eNodeB、MME、SGW、PGW、PCRF 和 HSS。其中 UE、eNodeB、MME 为必选网元。图 1-69 给出了 TA 更新流程。

有关业务流程的简要介绍如下。

1. UE 检测到 TAU 过程发生的条件满足。

2. UE 通过发送 TAU 请求消息及包含选择的网络和老的 GUMMEI 的 RRC 参数到 eNB 发起附着流程。

3. eNB 通过 RRC 参数中的老的 GUMMEI 和指示的选择网络查找到 MME。eNB 将 TAU 请求消息及接收到的选择网络和 TAI+ECGI 前转给新 MME。

4. 如果新局 MME 根据老的 GUTI 判断，MME 已经发生改变，新局 MME 根据老的 GUTI 找到老的 MME/S4 SGSN 地址，再发送一个上下文请求消息给老的 MME/S4 SGSN 以请求用户的移动性管理和会话管理相关信息。老局 MME 启动一个定时器。

5. 老的 MME/S4 SGSN 给新局 MME 回上下文响应消息。

6. UE、MME 和 HSS 可以完成鉴权和安全功能。如果 TAU 请求消息完整性检查失败，鉴权过程是必须的。

7. 新局 MME 根据 TAI 决定 SGW 不需要改变。新局 MME 给老的 MME/S4 SGSN 发送上下文确认消息，携带 SGW 是否改变的信息。

8. 空。

9. 新局 MME 按每 PDN 连接发送修改承载请求消息给 SGW。

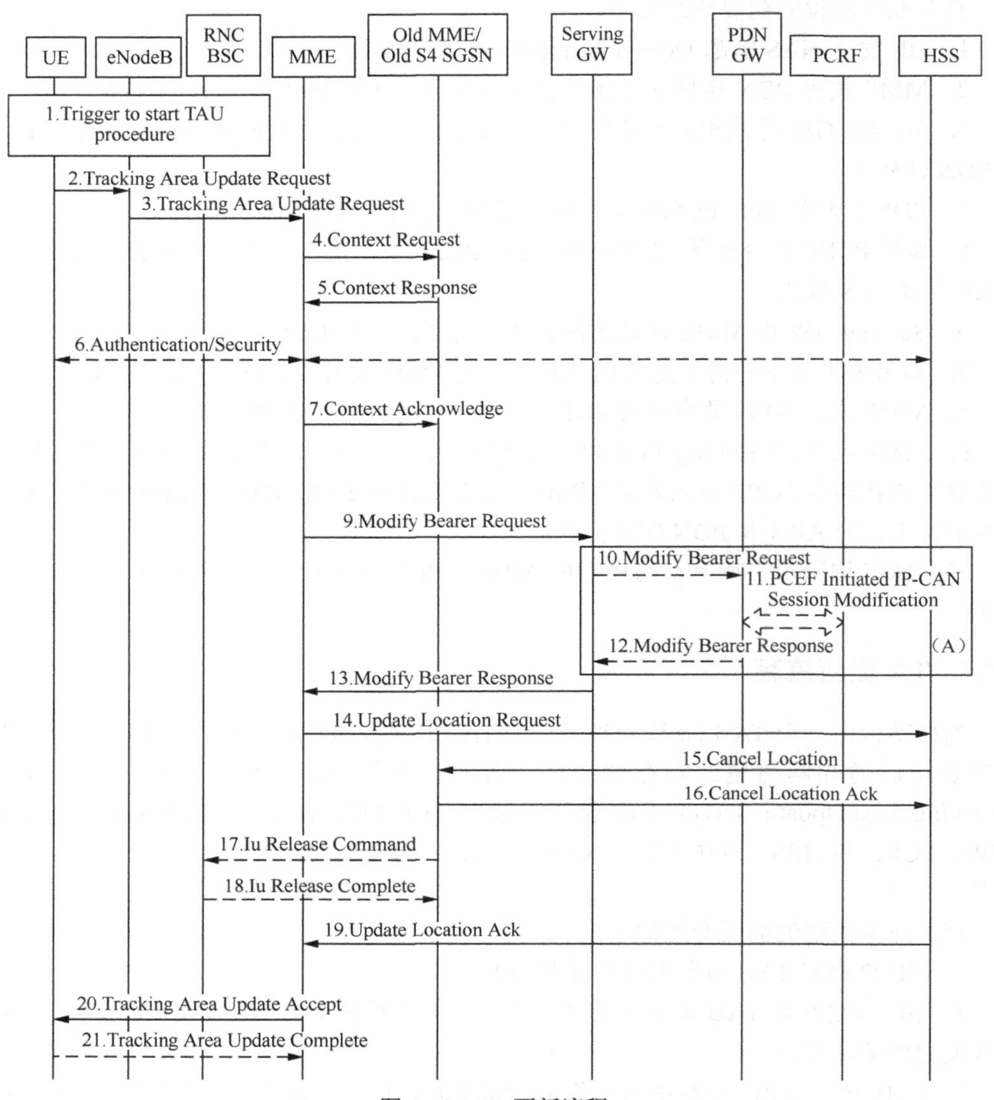

图 1-69 TA 更新流程

10. 如果 RAT 信息改变了或收到用户位置信息，SGW 按每 PDN 连接给 PGW 发送修改承载请求消息。

11. SGW 按每 PDN 连接给 PGW 发送修改承载请求消息。如果动态 PCC 被部署，RAT 信息也改变了，PGW 和 PCRF 完成 IP-CAN 会话修改过程。

12. PGW 更新承载上下文，给 SGW 回复修改承载响应消息。

13. SGW 更新承载，给新局 MME 回复创建会话响应消息。SGW 已经可以把上行数据报文发送给 PGW。

14. 如果新局 SGSN 没有用户完整的签约数据，给 HSS 发送更换位置请求消息。

15. 如果 MME 发生改变，HSS 发送取消位置信息给老的 MME/S4 SGSN。

16. 如果第 4 步设置的定时器已经超时，老的 MME/S4 SGSN 删除移动性管理上下文。如果第 4 步设置的定时器还没有超时，则等到第 4 步设置的定时器超时时，老的 MME/S4 SGSN 删除移动性管理上下文。老的 MME/S4 SGSN 发送取消位置确认消息给新的 MME。

17. 如果老的 S4 SGSN 收到过上下文确认消息，并且用户的 Iu 连接也存在，老的 S4 SGSN 在第 4 步设置的定时器超时时，发送 Iu 释放命令消息给 RNC。

18. RNC 给老的 SGSN 回 Iu 释放完成消息。

19. HSS 给新局 MME 回更新位置确认消息。

20. MME 发送 TAU 接受消息给 UE。如果分配了新的 GUTI，则会在 TAU 接受消息中携带。如果在 TAU 请求消息中携带了“激活标识”，用户面建立过程和 TAU 接受消息发送一起执行。消息顺序和业务请求过程中在 MME 建立承载后一致。

21. 如果在 TAU 接受消息中携带了 GUTI，UE 发送 TAU 完成消息确认接收到了 TAU 接受消息。如果在 TAU 请求消息没有携带“激活标识”，并且也不是 ECM-CONNECTED 态下发起的 TAU 过程，MME 释放信令连接。

1.8.4 业务请求流程

业务请求流程是 EPS 网络的基本流程。当 S1 信令连接释放之后，如果用户要通过 EPS 网络访问数据业务和其他业务，必须通过业务请求流程重建用户的 S1-MME 口 S1 信令连接和 S1-U 口的 E-RAB 承载连接，才能继续通过 EPS 网络访问数据业务和其他业务。在业务请求流程中，用户的 S1 连接和 E-RAB 连接都被重建，空口的 RRC 连接和 RB 连接也会一并被重建，eNodeB 保存用户的安全等信息，UE 和 MME 中用户的 ECM 状态从空闲态变为连接态。按照业务请求发起的源来分，业务请求可以分为 UE 触发的业务请求流程、网络侧信令触发的业务请求流程及网络侧下行数据触发的业务请求流程。

接下来以 UE 触发的业务请求流程为例，图 1-70 给出了 UE 触发的业务请求流程。

有关业务流程的简要介绍如下。

1. UE 发送 RRC 消息给 eNodeB，RRC 消息中包含 UE 发送给 MME 的业务请求消息。

2. eNodeB 发送初始化用户消息给 MME，其中包括 UE 发送给 MME 的业务请求消息。如果 MME 不能处理业务请求，则拒绝业务请求。

3. 根据营运商的策略，非接入层的鉴权/安全过程可以被执行。

4. MME 发送初始化上下文建立请求消息给 eNodeB，激活承载的 E-RAB 和 RB 连接的建立。

5. eNodeB 完成用户所有激活承载的 RB 连接的建立。承载的 RB 连接建立后，业务请求过程完成，用户和网络侧的 EPS 承载状态同步。

6. 从 UE 发送的上行数据报文通过 eNodeB 发送给 S-GW，S-GW 再把上行数据报文发送给 P-GW。

7. eNodeB 发送初始化上下文建立完成消息给 MME。

8. MME 按每 PDN 连接发送修改承载请求消息给 S-GW，S-GW 收到修改承载请求消息后有能力把下行数据报文发送给用户了。

9. 如果用户接入方式发生改变或用户的位置信息发生改变，S-GW 按每 PDN 连接发送修改承载请求消息给 P-GW。

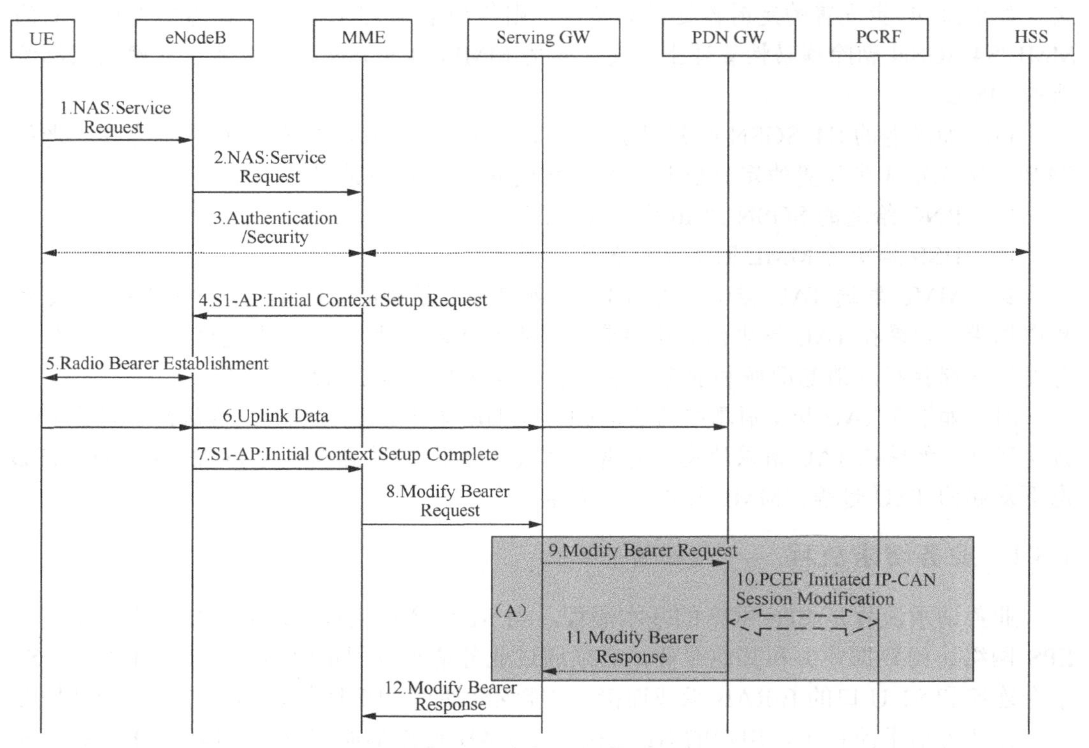

图 1-70　UE 触发的业务请求流程

10. 如果部署了动态 PCC，根据用户接入方式，P-GW 和 PCRF 完成 IP-CAN 会话修改过程。如果没有部署动态 PCC，P-GW 使用本地 QoS 策略。

11. P-GW 发送修改承载响应消息给 S-GW。

12. S-GW 发送修改承载响应消息给 MME。

1.8.5　寻呼流程

寻呼流程是 EPS 网络的基本流程，是 MME 通知用户有用户下行数据报文或下行信令消息要发送给用户。寻呼的业务流程如图 1-71 所示。

有关业务流程的简要介绍如下。

1. MME 需要寻呼用户，如果 UE 在 MME 中已经注册，MME 发送寻呼消息给用户所在的 TA List 对应的每一个 eNodeB，使用 GUTI 寻呼用户。

2. 如果 eNodeB 收到 MME 的寻呼消息，eNodeB 使用 GUTI 在 TA List 下寻呼用户，如果收到 UE 的寻呼响应（即业务请求消息），寻呼流程成功，寻呼流程结束。

3. 如果没有收到 UE 的寻呼响应，MME 继续发送寻呼消息给 MME 下所有 TA 对应的 eNodeB，使用 GUTI 寻呼用户。

4. 如果 eNodeB 收到 MME 的寻呼消息，eNodeB 使用 GUTI 在 MME 下所有 TA 下寻呼用户，如果收到 UE 的寻呼响应，寻呼流程成功，寻呼流程结束。

5. 如果没有收到 UE 的寻呼响应，根据运营商策略，MME 可以继续使用 IMSI 对用户进行寻呼，如果使用 IMSI 进行寻呼，MME 继续发送寻呼消息给用户所在的 TA List

对应的每一个 eNodeB，使用 IMSI 寻呼用户；如果根据运营商策略，不使用 IMSI 进行寻呼，寻呼流程失败，寻呼流程结束。

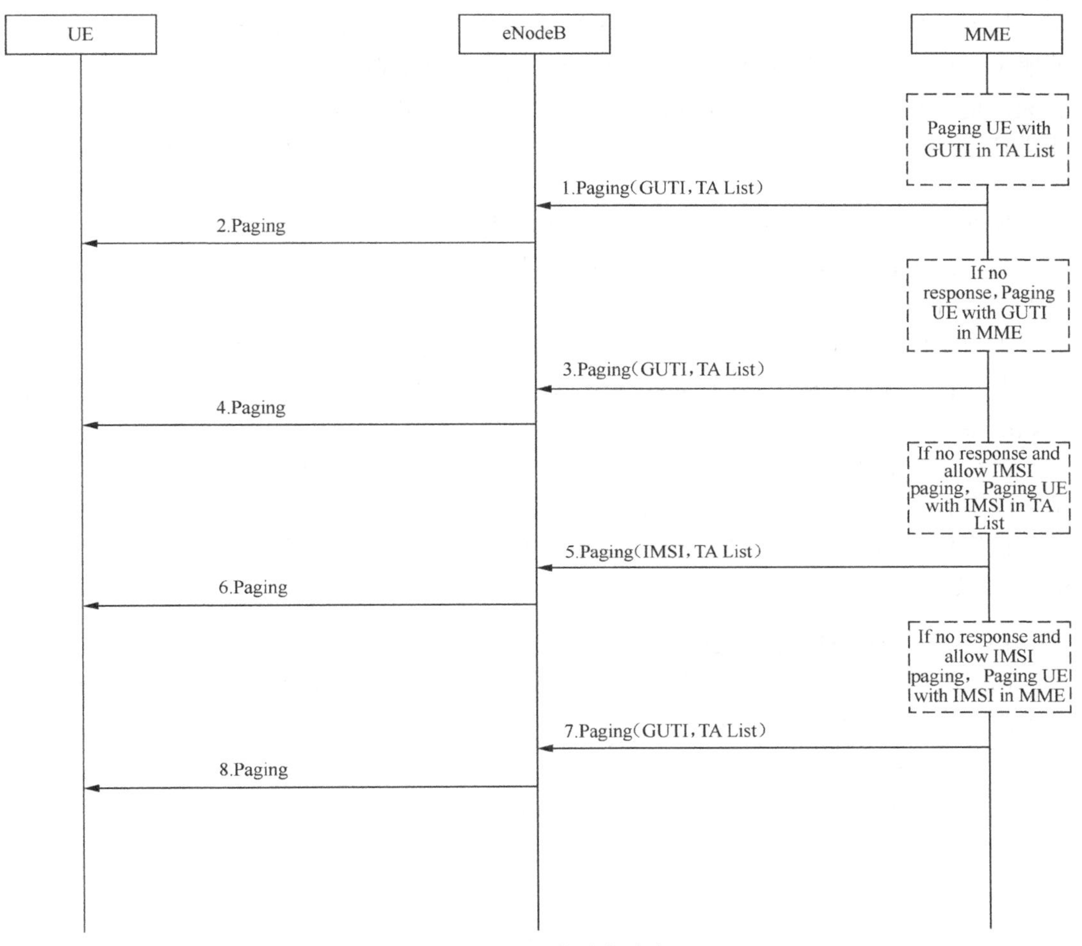

图 1-71　寻呼的业务流程

6. 如果 eNodeB 收到 MME 的寻呼消息，eNodeB 使用 IMSI 在 TA List 下寻呼用户，如果收到 UE 的寻呼响应，寻呼流程成功，寻呼流程结束。

7. 如果没有收到 UE 的寻呼响应，MME 继续发送寻呼消息给 MME 下所有 TA 对应的 eNodeB，使用 IMSI 寻呼用户。

8. 如果 eNodeB 收到 MME 的寻呼消息，eNodeB 使用 IMSI 在 MME 下所有 TA 下寻呼用户。如果收到 UE 的寻呼响应，寻呼流程成功，寻呼流程结束；如果没有收到 UE 的寻呼响应，寻呼流程失败，寻呼流程结束。

1.8.6　切换流程

1.8.6.1　切换概念

当用户处于连接态的移动过程中，与其服务的小区将发生变化，由于无线传输业务负荷量调整、激活操作维护、设备故障等原因，为了保证通信的连续性和服务的质量，系统要将该用户与原小区的通信链路转移到新的小区上，这个过程就是切换，包括基于网络覆盖、负荷、业务等内容进行切换。

切换一般由以下原因激发：基于无线质量的切换，UE 的测量报告显示出存在比当前服务小区信道质量更好的邻小区；基于无线接入技术覆盖的切换，此类切换是在 UE 丢失当前无线接入技术覆盖而连接到其他无线技术覆盖的区域；基于负载情况的切换，此类切换用于当一个给定小区过载时，尽量平衡属于同一操作者的不同 RAT 间的负载状况。

切换过程都会被分为测量、上报、判决和执行四个步骤。

测量：eNB 通知 UE 测量条件，包括测量的对象、小区列表、报告方式、测量标识、事件参数等内容。

上报：UE 按 eNB 事件指示，完成测量事件以及测量报告的上报。

判决：以测量结果为基础，eNB 或 EPC 进行资源的申请与分配等，为最后的切换执行做准备。

执行：源基站通知 UE 执行切换，UE 在目标基站上连接完成等切换信令过程，源基站释放资源、链路，删除用户信息，支持失败回退。

根据切换场景的不同，LTE 内部系统切换可分为 eNB 基站内切换、X2 口切换以及 S1 口切换。

1.8.6.2 eNB 基站内切换

切换的源小区和目标小区归属于同一 eNB 下，由 eNB 完成内部切换流程。如图 1-72 所示为 eNB 内部切换正常流程。

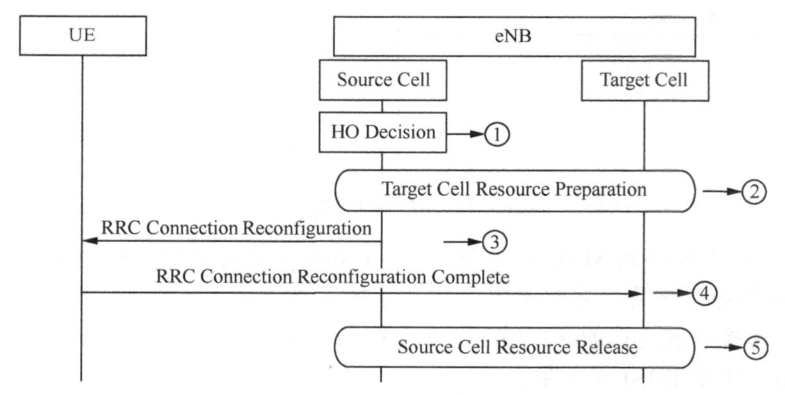

图 1-72 eNB 内部切换正常流程

eNB 内部切换正常流程信令说明如下。

1. eNB 收到如测量报告、负载均衡等相关切换事件，触发切换判决，决定开始进行 eNB 内切换。
2. eNB 发现目标小区为源小区，准备切换资源。
3. 源小区 eNB 向 UE 发送 RRC Connection Reconfiguration 消息。
4. 目标小区的 eNB 从 UE 接收 RRC Connection Reconfiguration Complete 消息。

5. eNB 释放源小区的切换资源。

1.8.6.3　eNB 间 X2 接口切换

在同一 MME 下不同 eNB 之间如果配置了 X2 口切换，源 eNB 根据相关判决条件可以启动基于 X2 口的切换流程。如图 1-73 所示为 eNB 间基于 X2 口切换的正常流程。

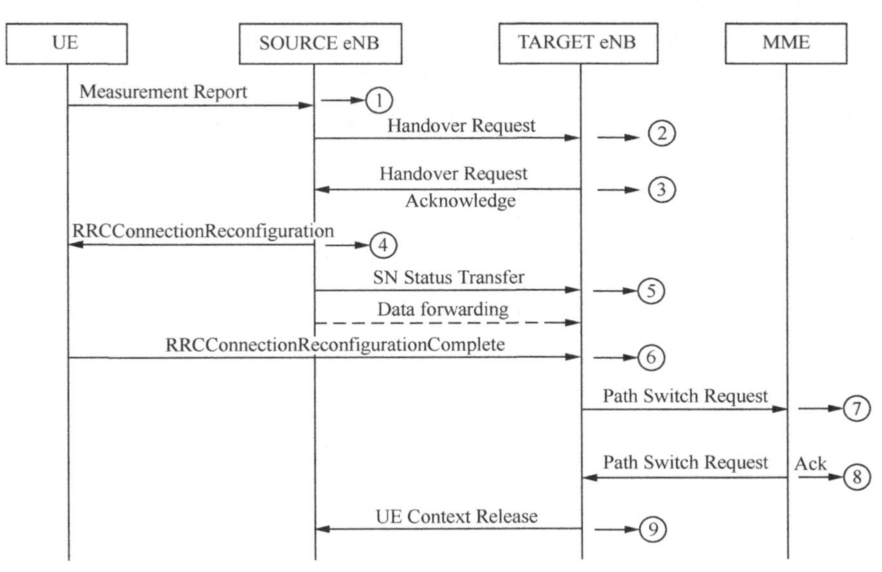

图 1-73　eNB 间基于 X2 口切换的正常流程

eNB 间基于 X2 口切换正常流程信令说明如下。

1. 当 eNB 接收到测量报告，或是因为内部负荷分担等原因，触发了切换判决，进行 eNB 间小区间通过 X2 口的切换。

2. 源 eNB 通过 X2 接口给目标 eNB 发送 HANDOVER REQUEST 消息，包含本 eNB 分配的 Old eNB UE X2AP ID、MME 分配的 MME UE S1AP ID、需要建立的 EPS 承载列表以及每个 EPS 承载对应的核心网侧的数据传送的地址。目标 eNB 收到 HANDOVER REQUEST 后开始对要切换接入的 E-RABs 进行接纳处理。

3. 目标 eNB 向源 eNB 发送 HANDOVER REQUEST ACKNOWLEDGE 消息，包含 New eNB UE X2AP ID、Old eNB UE X2AP ID、新建 EPS 承载对应在 D 侧上下行数据传送的地址、目标侧分配的专用接入签名等参数。

4. 源 eNB 向 UE 发送 RRC CONNECTION RECONFIGURATION，将分配的专用接入签名配置给 UE。

5. 源 eNB 将上下行 PDCP 的序号通过 SN STATUS TRANSFER 消息发送给目标 eNB。同时，切换期间的业务数据转发开始进行。

6. UE 在目标 eNB 接入，发送 RRC CONNECTION RECONFIGURATION COMPLETE 消息。表示 UE 已经切换到了目标侧。

7. 目标 eNB 给 MME 发送 PATH SWITCH REQUEST 消息，通知 MME 切换业务数

据的接续路径，从源 eNB 到目标 eNB，消息中包含源侧的 MME UE S1AP ID、目标侧分配的 eNB UE S1AP、EPS 承载在目标侧将使用的下行地址。

8. MME 返回 PATH SWITCH REQUEST ACKNOWLEDGE 消息，表明目标侧下行地址接续已经完成，目标 eNB 保存消息中的 MME UE S1AP ID。

9. 目标 eNB 通过 X2 接口的 UE Context Release 消息释放源 eNB 的资源。

1.8.6.4 eNB 间 S1 接口切换

当源 eNB 和目标 eNB 归属于不同 MME，或者源 eNB 和目标 eNB 之间没有配置 X2 连接，或者源 eNB 发起的基于 X2 接口的切换没有成功等时，源 eNB 根据相关判决条件可以启动基于 S1 口的切换流程。如图 1-74 所示为 eNB 间基于 S1 口切换的正常流程。

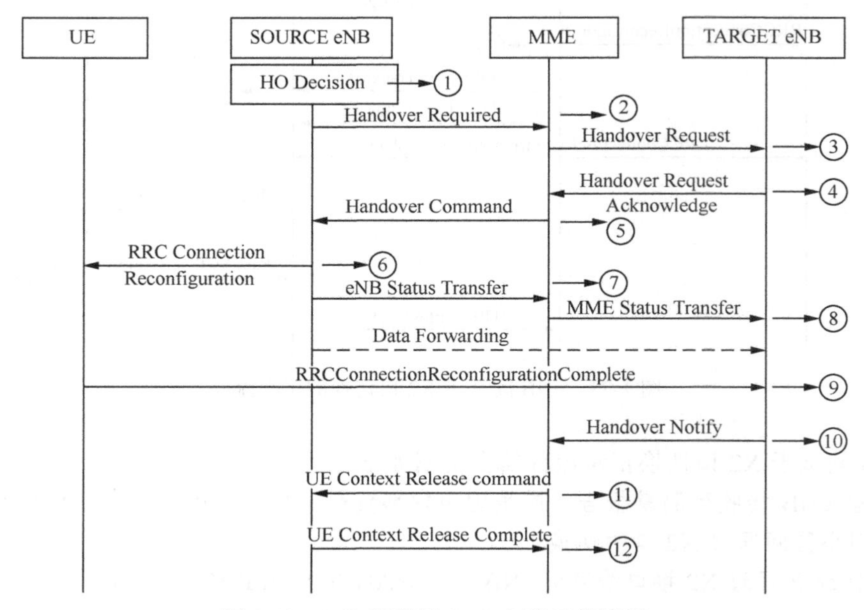

图 1-74 eNB 间基于 S1 口切换正常流程

eNB 间基于 S1 口切换正常流程信令说明如下。

1. 当 eNB 接收到测量报告，或是因为内部负荷分担等原因，触发了切换判决，进行 eNB 间小区间通过 S1 口的切换。

2. 源 eNB 通过 S1 接口的 HANDOVER REQUIRED 消息发起切换请求，消息中包含 MME UE S1AP ID、源侧分配的 eNB UE S1AP ID 等信息。

3. 目标 eNB 从 MME 接收 HANDOVER REQUEST 消息，并对要切换接入的 E-RABs 进行接纳处理，MME 向目标 eNB 发送 HANDOVER REQUEST 消息，消息中包括 MME 分配的 MME UE S1AP ID、需要建立的 EPS 列表以及每个 EPS 承载对应的核心网侧数据传送的地址等参数。

4. 目标 eNB 分配好目标侧的资源后，进行切换入的承载接纳处理，给 MME 发送 HANDOVER REQUEST ACKNOWLEDGE 消息，包含目标侧分配的 eNB UE S1AP ID、接纳成功的 EPS 承载对应的 eNodeB 侧数据传送的地址等参数。

5. 源 eNB 收到 HANDOVER COMMAND，获知接纳成功的承载信息以及切换期间业务数据转发的目标侧地址。

6. 源 eNB 向 UE 发送 RRCConnectionReconfiguration 消息，指示 UE 切换指定的小区。

7. 源 eNB 通过 eNB Status Transfer 消息，将 PDCP 序号传递到 MME。

8. MME 通过 MME Status Transfer 消息，将 PDCP 序号传递到目标 eNB。

9. 目标 eNB 收到 UE 发送的 RRCConnectionReconfigurationComplete 消息，表明切换成功。

10. 目标侧 eNB 发送 HANDOVER NOTIFY 消息，通知 MME 目标侧 UE 已经成功接入。

11. 源 eNB 从 MME 接收 UE CONTEXT RELEASE COMMAND 消息，开始释放资源。

12. 源 eNB 发送 UE CONTEXT RELEASE COMPLETE 给 MME，释放源侧资源。

1.8.6.5　基于 S1 接口 MME 改变的切换

如图 1-75 所示为基于 S1 接口 MME 改变的切换流程。

切换流程说明如下。

1. NodeB 决定发起基于 S1 口的切换流程。

2. 源 eNodeB 发送切换请求消息给源 MME。

3. 源 MME 根据用户目前所在的 TAI，决定 MME 是否需要改变。如果 MME 不需要改变，目的 MME 和源 MME 是同一个 MME；如果 MME 需要改变，源 MME 根据用户目前所在的 TAI，选择一个目的 MME，给目的 MME 发送前转重定位请求消息。

4. 如果 MME 改变了，目的 MME 根据用户目前所在的 TAI，确定 S-GW 是否需要改变；如果 MME 没有改变，源 MME 根据用户目前所在的 TAI，确定 S-GW 是否需要改变。如果 S-GW 没有发生改变，目的 S-GW 和源 S-GW 是同一个 S-GW；如果 S-GW 发生改变，目的 MME 按每 PDN 连接给目的 S-GW 发送创建会话请求消息，目的 S-GW 返回创建会话响应消息。

5. 目的 MME 给目的 eNodeB 发送切换请求消息，通知目的 eNodeB 进行切换资源准备，目的 eNodeB 给目的 MME 返回切换请求确认消息，确认切换资源准备完成。

6. 如果使用非直接前转并且 S-GW 发生了改变，目的 MME 给 S-GW 发送创建非直接数据前转隧道请求消息，通知 S-GW 创建非直接数据前转隧道，S-GW 返回创建非直接数据前转隧道响应消息，如果 SGW 没有改变，非直接数据前转隧道在下面第 8 步创建。

7. 如果 MME 改变，目的 MME 给源 MME 发送前转重定位响应消息。

8. 如果使用非直接前转，源 MME 给 S-GW 发送创建非直接数据前转隧道请求消息，通知 S-GW 创建非直接数据前转隧道，如果 SGW 改变，源 MME 向源 SGW 发送的非直接数据前转隧道请求中包含了到目的 SGW 的隧道标识。S-GW 返回创建非直接数据前转隧道响应消息。

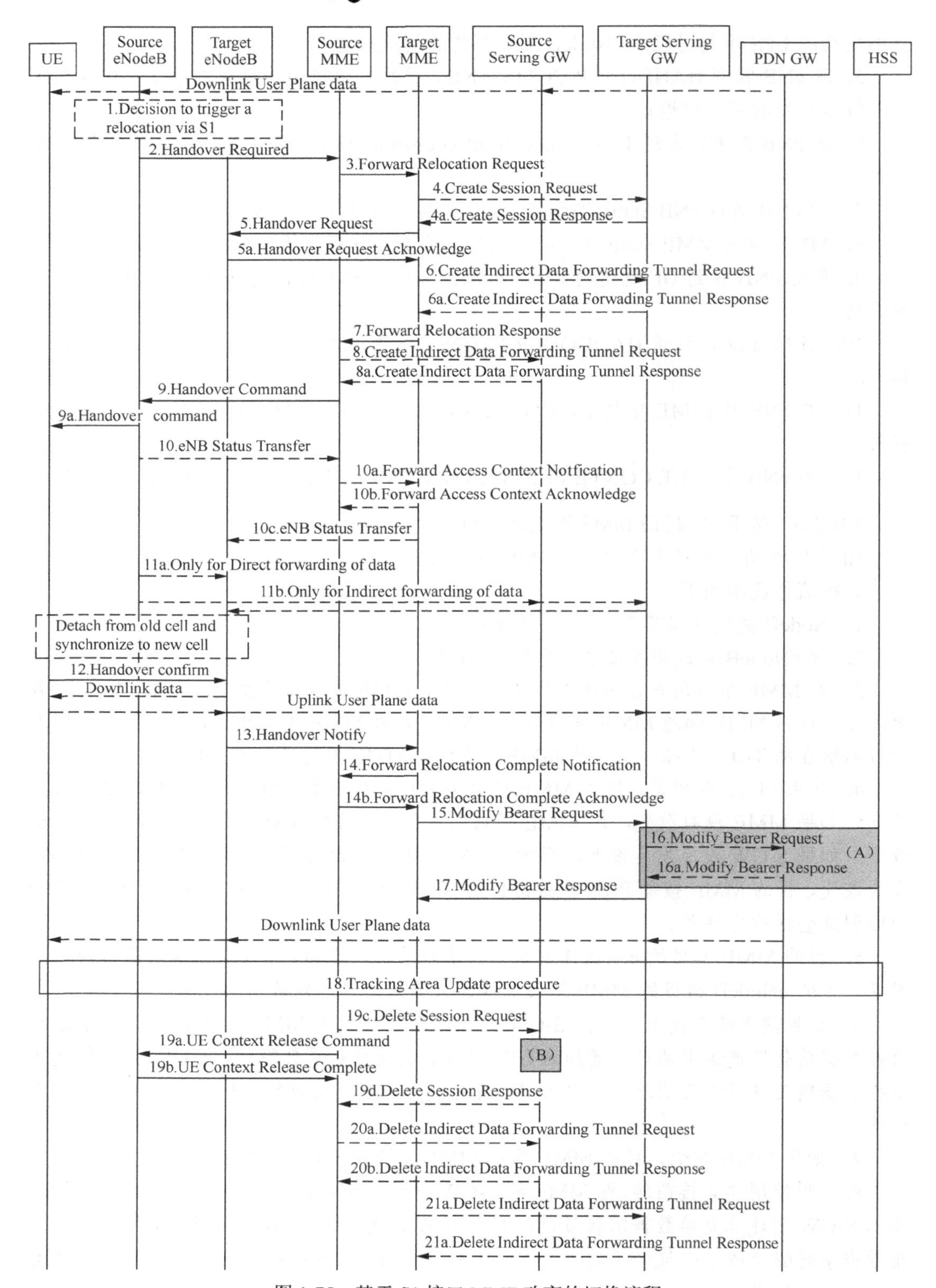

图 1-75　基于 S1 接口 MME 改变的切换流程

9. 源 MME 发送切换命令消息给源 eNodeB 通知切换执行，源 eNodeB 发送切换命令消息给 UE，切换命令为目的 eNodeB 构造的目的到源透明容器中的信息。

10. 源 eNodeB 通过 MME 发送 eNB 状态传输消息给目的 eNodeB，如果 MME 改变，源 MME 发送前转接入上下文通知消息给目的 MME，目的 MME 给源 MME 返回前转接入上下文确认消息。

11. 源 eNodeB 通过直接或非直接数据前转的方式，把接收到的下行数据报文前转给目的 eNodeB。

12. UE 成功地同步到目的小区后，会发送切换确认消息给目的 eNodeB，之后下行的数据报文可以通过目的 eNodeB 发送给 UE，UE 的上行数据报文也直接发送给目的 eNodeB。

13. 目的 eNodeB 发送切换通知消息给目的 MME。

14. 如果 MME 改变，目的 MME 发送前转重定位完成通知消息给源 MME，源 MME 回前转重定位完成确认消息给目的 MME。源 MME 启用一个定时器，用于释放源 eNodeB 和源 S-GW（如果 S-GW 发生改变）的资源。如果目的 MME 创建了非直接前转隧道，目的 MME 启用一个定时器用于释放非直接前转隧道。

15. MME 按每 PDN 连接发送修改承载请求消息给目的 S-GW。

16. 如果 S-GW 发生改变，目的 S-GW 按每 PDN 连接发送修改承载请求消息给 PGW，PGW 更新上下文，给目的 S-GW 发送修改承载响应消息，之后下行数据发送给目的 S-GW，目的 S-GW 把下行数据发送给目的 eNodeB。如果 S-GW 没有改变，目的 S-GW 把下行数据发送给目的 eNodeB。

17. 目的 S-GW 发送修改承载响应消息给目的 MME。如果 S-GW 没有发生改变，为了帮助目的 eNodeB 重排序，在 S-GW 完成路径切换之后，S-GW 立刻发送一个或多个“结束标记”报文给源 eNodeB。

18. 如果跟踪区更新的条件满足，UE 初始化跟踪区更新过程。

19. 源 MME 的资源释放定时器超时，MME 发送用户上下文释放命令消息给源 eNodeB，源 eNodeB 释放用户相关的所有资源，给 MME 回用户上下文释放完成消息。如果 S-GW 发生改变，MME 给源 S-GW 发送删除会话请求消息，通知源 S-GW 释放承载资源，源 S-GW 给 MME 返回删除会话响应消息，确认承载资源释放。

20. 源 MME 的资源释放定时器超时，如果使用非直接前转，源 MME 发送删除非直接数据前转隧道请求消息给 S-GW，释放非直接数据前转隧道资源，S-GW 返回删除非直接数据前转隧道响应消息。

21. 如果使用非直接前转并且 S-GW 改变，目的 MME 的资源释放定时器超时，目的 MME 发送删除非直接数据前转隧道请求消息给 S-GW，释放非直接数据前转隧道资源，S-GW 返回删除非直接数据前转隧道响应消息。

第二部分 实践篇

第 2 章 无线网络规划与开通配置
第 3 章 EPC 核心网开通配置
第 4 章 4G 全网综合调试

第2章

无线网络规划与开通配置

📖 **知识点**

本章将基于“4G全网仿真软件”，通过一个完整的无线站点机房建设实例来介绍无线接入网络工程建设的全过程，包括无线站点规模规划，系统容量的规划，机房物理部署，无线的主要网元BBU、RRU以及无线参数的相关配置，让读者能通过仿真软件的操作实践，深入了解无线接入网的部署过程。本章将分以下几个部分进行介绍：

- 无线容量规划；
- 无线网元设备部署；
- 无线开通配置。

2.1 无线网络规划流程

LTE网络规划分为无线接入网规划、核心网规划和承载网规划。无线网络规划的主要任务是根据无线接入网的技术特点、射频要求、无线传播环境等条件，运用链路预算、话务模型计算容量规划等方法，合理布局网络，设计合理的基站规划以及合适的基站位置、基站参数配置、系统参数配置等，以满足网络的覆盖、容量和质量的要求。

LTE无线网络规划流程如图2-1所示，主要分为需求分析、规模估算、站点选择以及规划仿真等内容。

（1）网络建设需求分析：主要是分析网络覆盖区域、网络容量和网络服务质量，为网络规划制定目标。

（2）无线环境分析：分析当前规划的覆盖区域的无线电波传播环境，对规划区的无线传播特性进行测试，由测试数据进行模型校正后得到规划区的无线传播模型，从而为覆盖预测提供准确的数据基础。分析规划频段，从而规划出合适的频点。主要工作包括传播模型测试和清频测试等。

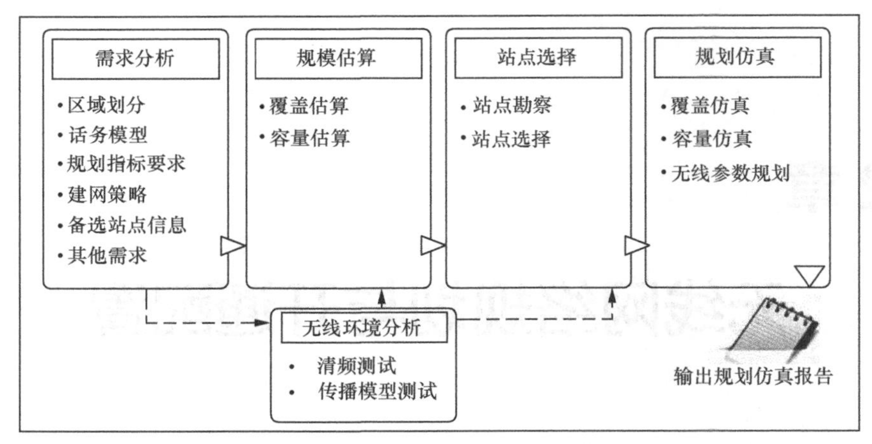

图 2-1　LTE 无线网络规划流程

（3）无线网络规模估算：包含覆盖规模估算和容量规模估算；针对规划区的不同区域类型，综合覆盖规模估算和容量规模估算，做出比较准确的网络规模估算。

（4）无线网络勘察：根据拓扑结构设计的结果，对候选站点进行勘察和筛选。

（5）无线网络详细设计：根据规模估算的结果，对规划区域规划出初步的工程参数和无线参数等。

（6）预规划仿真：根据规模估算结果以及无线参数规划在电子地图上按照一定的原则进行站点的模拟布点和网络的预规划仿真。

（7）网络仿真验证：验证网络站点布局后的网络的覆盖、容量性能。

（8）规划报告：输出最终的网络规划报告。

下面重点介绍无线网络规划中的几项主要内容：覆盖规划、容量规划、无线参数规划。

2.2　覆盖规划

无线网络的覆盖目标要求在一定覆盖区域内达到连续覆盖，结合覆盖区域的地域特点，需要考虑不同无线环境的传播模型、不同的覆盖率要求等来设计基站规模，使其达到无线网络规划初期对网络各种业务的覆盖要求。

不同覆盖区域的无线传播环境不同，因而无线电波在空间的衰减模型和因素也不完全一样。进行覆盖规划时，应对不同的无线环境，通过模型测试和校正，滤除无线传播环境对无线信号快衰落的影响，计算合理的站间距，从而估算出覆盖的基站规模。

覆盖估算流程如下。

（1）确定链路预算中使用的传播模型。

（2）根据传播模型，通过链路预算表分别计算满足上下行覆盖要求的小区半径。

（3）根据站型计算单个站点的覆盖面积。

（4）用规划区域面积除以单个站点覆盖面积，得到满足覆盖的站点数。

2.2.1　传播模型

传播模型是移动通信网小区规划的基础，传播模型的准确与否关系到小区规划是否合理、运营商是否以比较经济合理的投资满足用户的需求。

1. 自由空间传播损耗

由于传播路径和地形干扰，传播信号减小，这种信号强度减小称为传播损耗。在空间的传播中，影响无线电波损耗的因素有很多，包括地面吸收、反射、折射、衍射等。然而当无线电波在自由空间（各向同性、无吸收、电导率为零的均匀介质）中传播时，以上的因素是不确定的。但这并不意味着无线电波在自由空间传播时没有损耗，当电波经过一段距离传播之后，由于辐射能量的扩散也会造成衰减（也称衰减或损耗）。

以 km 和 MHz 计，可得自由空间传播损耗 *FreeLoss* 公式。

$$FreeLoss = 32.44 + 20\lg d + 20\lg f$$

由上式可以看出，发射天线与接收天线距离 d 越大，自由空间损耗越大；无线电波频率 f 越大，自由空间损耗越大。当 d 或 f 增大 1 倍时，自由空间传播损耗将加大 6dB。

2. 传播模型介绍

在规划和建设一个移动通信网时，从频段的确定、频率分配、无线电波的覆盖范围、计算通信概率及系统间的电磁干扰，直到最终确定无线设备的参数，都必须依靠对电波传播特性的研究、了解和据此进行的场强预测。而无线传播模型是一种通过理论研究与实际测试的方法归纳出的无线传播损耗与频率、距离、环境、天线高度等变量的数学式。在无线网络规划中，通过无线传播模型可以帮助设计者了解在实际传播环境下的大致传播效果，估算空中传播的损耗。因此传播模型的准确与否关系到小区规划是否合理。

地球表面无线传播环境千差万别，不同传播环境的传播模型也会存在较大差异。所以传播环境对无线传播模型的建立起着关键作用，确定某一特定地区的传播环境的主要因素有：自然地形（高山、丘陵、平原、水域等），人工建筑的数量、高度、分布和材料特性，该地区的植被特征、天气状况，自然和人为的电磁噪声状况，系统工作频率，移动台运动状况。

根据传播环境的不同，规划的区域一般划分成密集城区、一般城区、郊区、农村四类环境。

（1）密集城区的特点是周围建筑物平均超过 30～40m，基站天线高度相对其周围环境建筑物稍高，但是服务区内还存在较多的高大建筑物阻挡，街道建筑物高度超过了街道宽度的 2 倍以上，扇区信号可能是从几个街区之外的建筑物后面传播过来的。环境复杂，多径效应、阴影效应等需要重点考虑。

（2）一般城区，其扇区天线的安装位置，相对于周围环境而言，具有较好的高度优势（站在楼顶上，基本上可与扇区天线之间形成 LOS），建筑物的平均高度在 15～30m 之间，街道宽度相对较宽（大于建筑物高度）。另外存在零星的高大建筑物，且服务区域内存在比较多的楼房，有树木，但是树木的高度一般不会比楼房高。

（3）郊区的扇区天线的安装位置，相对于周围环境而言，具有较好的高度优势（站在楼顶上，基本上可与扇区天线之间形成 LOS），建筑物之间，街道宽度相对较宽（大于建筑物高度），且服务区域内存在着比较多的楼房，有树木，且树木的高度一般会比楼房稍高一些，而且存在一些有树木的开阔地。建筑物的平均高度在 10～20m。

（4）农村的地形具体可以分为平原和山区（起伏高度可能会在 20～400m，或者更高）。主要覆盖区域为交通道路和村庄。树木和山体的阻挡是主要的因素。

下面介绍三种常见的经典传播模型。

- Okumura-Hata 模型

20 世纪 60 年代，奥村（Okumura）等人在东京近郊采用很宽范围的频率，测量多种基站天线高度、多种移动台天线高度以及在各种不规则地形和环境地物条件下的信号强度。然后形成一系列曲线图表，这些曲线图表显示的是不同频率上的场强和距离的关系，基站天线的高度作为曲线的参量。接着产生出各种环境中的结果，包括在开阔地和市区中值场强和距离的关系、市区中值场强和频率的关系以及市区和郊区的差别，给出郊区修正因子的曲线、信号强度随基站天线高度变化的曲线以及移动台天线高度和信号强度相互关系的曲线等。

为了简化，Okumura-Hata 模型做了三点假设：

（1）作为两个全向天线之间的传播损耗处理；

（2）作为准平滑地形而不是不规则地形处理；

（3）以城市市区的传播损耗公式作为标准，其他地区采用校正公式进行修正。

适用条件：频率为 150～1 500MHz，基站天线挂高 h_b 为 30～200m，终端高度 h_m 为 1～10m，通信距离为 1～35km。

传播损耗公式为：

$$PathLoss = 69.55 + 26.16\lg f - 13.82\lg h_b - a(h_m) + (44.9 - 6.55\lg h_b)\lg d + K_{clutter}$$

$PathLoss$——传播损耗中值；

d——终端和基站间的距离；

f——频率，MHz；

h_b——基站天线有效高度；

h_m——移动台天线有效高度；

$a(h_m)$——移动台天线高度修正因子；

$K_{clutter}$——对应不同传播环境地物的衰减校正因子。

- COST 231-Hata 模型

欧洲研究委员会（陆地移动无线电发展）COST 231 传播模型小组建议，根据 Okumura-Hata 模型，利用一些修正项使频率覆盖范围从 1 500MHz 扩展到 2 000MHz，所得到的传播模型表达式称为 COST 231-Hata 模型。

适应条件：频率为 1.5～2.6GHz，基站天线挂高 h_b 为 30～200m，终端高度 h_m 为 1～10m，通信距离为 1～35km。

传播损耗公式为：

$$PathLoss = 46.3 + 33.9\lg f - 13.82\lg h_b - a(h_m) + (44.9 - 6.55\lg h_b)\lg d + K_{clutter}$$

公式中各因子的含义见 Okumura-Hata 模型的介绍。

- 通用传播模型

通用传播模型也称为标准宏小区传播模型（或 Aircom 模型）。

适应范围：频率为 0.5～2.6GHz，基站天线挂高 h_b 为 30～200m，终端高度 h_m 为 1～10m，通信距离为 1～35km。

传播损耗公式为：

$Pathloss = K_1 + K_2\log(d) + K_3 H_{ms} + K_4\log(H_{ms}) + K_5\log(H_{eff}) + K_6\log(H_{eff})\log(d) + K_7$(diffraction loss)+ Clutter loss

Pathloss——传播损耗中值；

K_1——衰减常数；

K_2——距离衰减常数；

K_3、K_4——移动台天线高度修正系数；

K_5、K_6——基站天线高度修正系数；

K_7——绕射修正系数；

Clutterloss——地物衰减修正值；

d——基站与移动台之间距离，km；

H_{ms}——移动台天线有效高度，m；

H_{eff}——基站天线有效高度，m。

通用传播模型在四种传播环境下的典型参数取值如表 2-1 所示。

表 2-1　通用传播模型典型取值

	密集城区	一般城区	郊区	农村
K_1	158	154	148	143
K_2	48	45	42	39
K_3	0	0	0	0
K_4	0	0	0	0
K_5	−13.82	−13.82	−13.82	−13.82
K_6	−6.55	−6.55	−6.55	−6.55
K_7	0.4	0.4	0.4	0.4

2.2.2　LTE 链路预算

2.2.2.1　链路预算定义

链路预算，是通过对系统中上、下行信号传播途径中各种影响因素的考察和分析，对系统的覆盖能力进行估计，获得保持一定信号质量下链路所允许的最大传播损耗的。

链路预算是覆盖规划的前提，通过计算业务的最大允许损耗，可以求得一定传播模型下小区的覆盖半径，从而确定满足连续覆盖条件下基站的规模。

LTE 链路预算的特点如下。

（1）考虑多天线技术的使用在链路预算中带来了系统增益。

（2）不同用户速率对应不同干扰余量。

（3）馈缆损耗比较小，因为 LTE 中的馈缆是指从 RRU 的输出到天线的输入这一段跳线。

（4）影响链路预算的因素很多，除了手机的发射功率、基站的接收灵敏度外，还有阴影衰落余量、建筑物的穿透损耗、业务的速率和业务解调门限等，所以，链路预算也应该区分地理环境和业务种类。

2.2.2.2 链路预算流程

链路预算总体流程如图 2-2 所示。

链路预算的具体计算过程如下。

（1）确定业务速率 x kbit/s 和系统带宽。

（2）确定天线配置和子帧配比（TDD）。

（3）确定设备功率以及穿透损耗、阴影衰落余量等余量。

（4）根据业务速率和子帧配比确定该业务速率下为用户分配的 RB 数目。

（5）查找 MCS 表确定所需的 SINR。

（6）计算链路预算路损 MAPL。

输入业务速率、系统带宽

确定天线配置、子帧配比

确定设备功率、各种余量

发送端功率增益 / 损耗计算

接收端功率增益 / 损耗计算

链路预算路损 MAPL

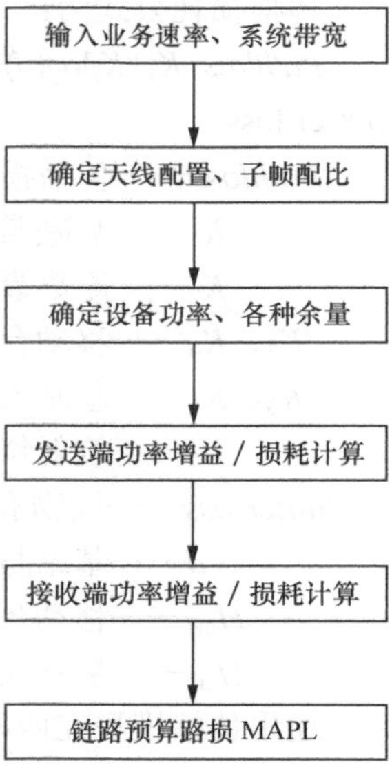

图 2-2 链路预算流程

2.2.2.3 链路预算公式及基本参数

- 业务速率

根据用户需求设置期望用户目标速率，单位为 kbit/s。

- 上/下行信道带宽

根据用户需求设置系统带宽。根据 LTE 协议规定，可选 1.4MHz、3MHz、5MHz、10MHz、15MHz、20MHz。不同的信道带宽将影响上/下行总的 RB 数。

- 上/下行 RB 总数

上/下行 RB 总数与上/下行信道带宽有对应关系，如表 2-2 所示。

表 2-2 RB 数与信道带宽对应关系

信道带宽/MHz	RB 数/个
1.4	6
3	15
5	25
10	50
15	75
20	100

- TDD 上下行子帧配比

根据协议规定，TDD-LTE 共有 7 种配置，如表 2-3 所列，其中 D 为下行子帧，U 为上行子帧，S 为特殊子帧。链路预算支持 2∶2 和 3∶1 配比。

表 2-3　子帧配置表

Uplink-downlink configuration	Downlink-to-Uplink Switch-point periodicity	Subframe number									
		0	1	2	3	4	5	6	7	8	9
0	5 ms	D	S	U	U	U	D	S	U	U	U
1	5 ms	D	S	U	U	D	D	S	U	U	D
2	5 ms	D	S	U	D	D	D	S	U	D	D
3	10 ms	D	S	U	U	U	D	D	D	D	D
4	10 ms	D	S	U	U	D	D	D	D	D	D
5	10 ms	D	S	U	D	D	D	D	D	D	D
6	10 ms	D	S	U	U	U	D	S	U	U	D

- 天线配置

eNodeB 的天线配置通常为：对于下行，天线配置包括 4T4R（CL SM）、4T4R（BF）、2T2R（SFBC）、8T8R（BF）；对于上行，天线配置包括 4T4R、2T2R、8T8R。

- MCS 配置

根据业务速率要求以及子帧配比系数，可以得出 TBSIZE=业务速率/子帧配比系数，查协议的 36.213 表格和 MCS Index 表格确定 RB 数目、TBIndex 和 MCS Index 配置参数。

- 所需 SINR

根据上面所得的 MCS Index 和 MCS 解调门限表，查找对应的 SINR 值，以表 2-4 所列为例。

表 2-4　2T2R（SFBC）MCS 解调门限表

RB number	1	2	3	4	5
MCS index	SNR (dB)	SNR (dB)	SNR (dB)	SNR (dB)	SNR (dB)
0	3.00	2.80	2.60	2.40	2.20
1	3.50	3.35	3.19	3.04	2.89
2	4.00	3.89	3.79	3.68	3.57
3	4.50	4.44	4.38	4.32	4.26
4	5.22	5.15	5.09	5.03	4.96
5	5.93	5.87	5.80	5.73	5.67
6	6.65	6.58	6.51	6.44	6.37

- 发射功率

下行基站发射功率（eNB Tx power）为设备指标，具体与实际设备能力有关。目前链路预算默认按照 20MHz 带宽下 80W，即 49dBm 进行。如果实际设备型号、带宽等不同，需要根据实际进行调整。

上行 UE 发射功率一般为 23dBm。

- 基站/终端天线增益

基站侧：基站天线增益值具体与实际天线设备参数相关，根据实际项目进行调整。

终端侧：UE 天线增益值，一般为 0dBi。

- 资源占用下的等效发射 EIRP

（a）下行资源占用下的等效发射 EIRP

根据基站 EIRP、边缘用户分配的 RB 与信道带宽对应的总 RB 数之比，得到一定资源下，UE 分配到的功率。

TX EIRP per occupied allocation = TX EIRP−10 × log(DL RB Total Num/Assign Num of RB)。

(b) 上行资源占用下的等效发射 EIRP

对于上行，UE 发送功率全都给所占用的 RB，上行功率是用户独占的。

TX EIRP per occupied allocation = eUE maximum power + Antenna gain − RF Filter + Cable Loss。

通常上行中，UE 的 Antenna gain 等于 0。实际链路预算中，对于 CPE 等特殊终端，需要考虑一定天线增益，典型的如 14dBi。

- 馈线损耗

馈线损耗是指 RRU 与天线接口之间的跳线损耗，它会降低接收机接收电平，从而对覆盖能力产生影响，一般取 0.5dB。

- 接收噪声功率

接收噪声功率=热噪声功率+接收机噪声系数

热噪声功率=热噪声密度+10log（接收信号带宽），其中热噪声密度通常为−174dBm/Hz，接收信号带宽即为业务信道或控制信道分配的 RB 数。

噪声系数：噪声系数通常定义为网络输入端信号的信噪比和输出端信号的信噪比之间的比值，值越小，说明该系统硬件的噪声控制越好。通常基站设备噪声系数设置为 4dB，终端设备噪声系数设置为 7dB。

- 干扰余量

多用户发起业务后造成底噪抬升，称作干扰余量。小区负荷越高，容量越大，干扰就越大，导致覆盖就越小。

下行干扰余量用于描述多小区组网时的情况，根据小区的几何因子、邻区负载比例以及 SINR 计算得到。

上行干扰余量即为 IOT，是由于其他小区干扰导致的在热噪声基础上的干扰抬升。与业务速率和负载比例有关，通过系统仿真得到。

- 人体损耗

对于数据业务移动台，可以不考虑人体损耗影响，所以通常取 0dB。

- 穿透损耗

建筑物的穿透损耗与具体的建筑物类型、电波入射角度等因素有关。相同材质在不同场景的穿透损耗值不同，随着频率的升高，穿透损耗逐渐加大。在链路预算中，通常会根据不同场景选取相应的传播损耗。典型场景的取值如表 2-5 所示。

表 2-5　不同覆盖场景的穿透损耗值

覆盖场景	穿透损耗/dB
密集城区	20
一般城区	16
郊区	12
农村	8

- 阴影衰落

所谓阴影衰落，是由于在电波传输路径上受到建筑物及山丘等的阻挡所产生的阴影效应而形成的损耗。阴影衰落反映了中等范围内数百波长量级接收电平的均值变化而产生的损耗，其变化率较慢，故又称为慢衰落。一般服从对数正态分布。

2.2.2.4 链路预算结果

通过设置上面的链路预算参数，得到最终的链路预算结果（允许最大的路径损耗）。

1. 下行链路预算结果

允许的最大路径损耗（下行）= 基站等效 EIRP+终端天线增益–人体损耗–基站侧馈线损耗–终端接收机噪声功率–所需 SINR–干扰余量–阴影衰落–穿透损耗

2. 上行链路预算结果

允许的最大路径损耗 = 终端最大发射功率–人体损耗–基站馈线损耗–基站接收机噪声功率–所需 SINR–干扰余量–阴影衰落–穿透损耗

需要注意的是，链路预算要结合实际用户需求设置参数。

2.2.3　覆盖估算

通过链路预算表获得最大允许路径损耗，再根据站型和传播模型计算小区最大覆盖半径，最后根据规划区域面积得到满足覆盖的站点数。

具体步骤如下。

1. 计算小区最大覆盖半径

通过链路预算表得到最大允许路径损耗 *PassLoss*，代入传播模型公式，可以得到小区最大覆盖半径。

传播模型公式为：

$$P_{\mathrm{RX}} = P_{\mathrm{TX}} + k_1 + k_2\log(d) + k_3\log(H_{\mathrm{eff}}) + k_4 Diffraction + k_5\log(H_{\mathrm{eff}})\log(d) + k_6(H_{\mathrm{meff}}) + k_{\mathrm{CLUTTER}}$$

其中 $PassLoss = |P_{\mathrm{RX}} - P_{\mathrm{TX}}|$，则可以求得 d，即小区最大覆盖半径。

在现网规划中，有专业覆盖仿真工具对站点选择和站间距进行模拟测试和校正，最终得出链路预算结果和小区覆盖半径，所以在 4G 全网仿真软件中，跳过了链路预算的过程，直接根据 LTE 的经验值，提供了三种不同应用场景的小区半径基准，如表 2-6 所示；再代入 FDD/TDD 制式选择调整因子和站型选择调整因子后计算得出最终的小区最大覆盖半径。

表 2-6　小区最大覆盖半典型值

半径基准/km	密集城区	一般城区	郊区
	0.36	0.58	0.85

2. 计算单站最大覆盖面积

根据不同的站型，通过小区半径，计算单站最大覆盖面积，站型和面积公式对应关系如表 2-7 所示。

站型一般包括全向站和三扇区定向站，如图 2-3 所示。在规模估算中，根据广播信道水平 3dB 波瓣宽度的不同，常用的定向站有水平 3dB 波瓣宽度为 65° 和 90° 两种。

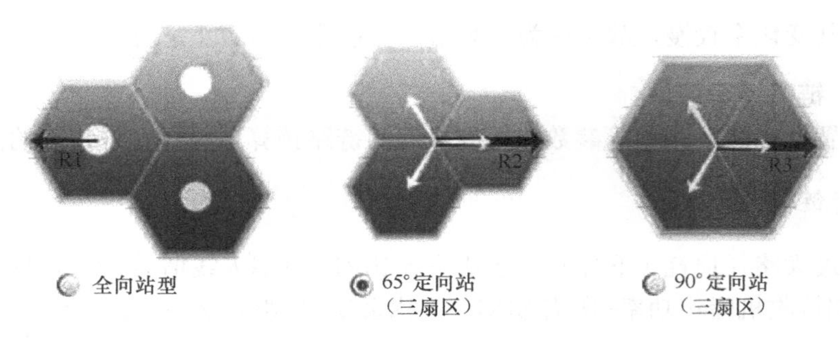

图 2-3 站型图

表 2-7 站型与单站覆盖面积的关系

	全向站	定向站（广播信道 65°，三扇区）	定向站（广播信道 90°，三扇区）
站间距	$D=\sqrt{3}R$	D=1.5R	$D=\sqrt{3}R$
面积	S=2.6R^2	S=1.95R^2	S=2.6R^2

3. 计算站点个数

覆盖站点数 = 规划区域面积/单站最大覆盖面积。

2.3 容量规划

容量是指无线网络能承载的语音用户数和数据用户数。容量规划需要考虑不同覆盖区域下有不同的用户业务类型和话务模型需求，从而估算出满足容量总需求的基站规模。

2.3.1 话务模型

2.3.1.1 话务模型因素

根据下面几项话务模型上的重要因素，可以得到需要的数据吞吐量需求。结合系统容量、规划区域用户数，可以进行容量估算，确定满足容量需求的站点数。

（1）业务种类和流量需求，也就是 TD-LTE 数据业务的主要种类，以及每种业务需要的单位数据流量需求，即业务模型。TD-LTE 仅提供数据业务，如 VoIP、实时视频、交互式游戏、流媒体、视频点播、网上电视等。为了简化分析，业务模型的关键因子只包含每次会话中的激活数和每次激活的数据量。

（2）用户分类，不同用户所需要的数据业务模型和呼叫模型不同，需要对不同的数据业务用户进行分类。需要说明的是，相比而言，不同用户群的业务模型的差异要小一些，呼叫模型的差异是主要的。这是因为业务模型主要受限于技术能力和业务开发情况，业务模型的变化是缓慢的，在不同用户群之间的差异主要是由终端类型的差异引起的（如终端屏幕的大小）；而呼叫模型则主要由运营策略和资费策略决定，在不同用户群之间的差异更大，变化也更快。

（3）每种业务的忙时呼叫次数，不同用户种类、业务种类的忙时呼叫次数，加上业务的单位数据流量需求，即决定了总的数据业务流量需求。同时，每种业务的忙时呼叫次数与用户分类、用户行为、运营商策略等因素直接相关。

2.3.1.2　应用场景划分

在不同的应用场景中，由于用户分布、用户对具体的业务需求不同，需要研究用户的具体行为和分布规律，使用不同的话务模型来满足不同环境的应用需求。基于业务类型的分布、业务发展策略以及区域内用户的动态分布、消费行为特征等， 可以将业务分布区域分成五类，分别是密集城区、城区、郊区/乡镇、农村和室内覆盖，其中前四类主要考虑室外覆盖，室内覆盖单独考虑。

根据网络建设的不同时期，又可以分为网络建设初期和成熟期两个阶段。

2.3.1.3　典型话务模型

表 2-8 为一般城区网络建设初期的话务模型示例。其中浅灰色填充数据为输入参数，其取值均来自于对不同应用场景以及网络建设不同时期的系统仿真或统计数据的经验值，深灰色填充为根据容量计算的公式计算出的结果数据。

表 2-8　一般城区初期话务模型示例

	业务类型	交互类（QCI=5～8）			背景类（QCI=9）			流类（QCI=4）	会话类（QCI=1/2）	
		信息点播	E-COMMERCE	WWW/WAP	MMS	E-MAIL	FTP	VOD/AOD	VoIP	Video Call
单用户统计结果	单业务平均每月使用次数	40	15	60	60	60	20	15	15	15
	单业务忙日集中系数	6.00%	6.00%	6.00%	6.00%	6.00%	6.00%	6.00%	6.00%	6.00%
	单业务忙时集中系数	10.00%	10.00%	10.00%	10.00%	10.00%	10.00%	10.00%	10.00%	10.00%
	单业务忙日使用次数	2.4	0.9	3.6	3.6	3.6	1.2	0.9	0.9	0.9
	单业务忙时使用次数	0.24	0.09	0.36	0.36	0.36	0.12	0.09	0.09	0.09
	单业务的业务速率/(kbit/s)	64	32	256	8	512	1 024	1 024	0	64
	单业务单次使用时间/s	24	120	300	50	240	600	300	90	90
	单次链接业务激活次数	3	10	5	1	2	1	1	1	1
	每激活数据流量/kbit	1 536	3 840	76 800	400	1 232 880	614 400	307 200	0	5 760
	平均数据流量（kbit/s）	0.307 2	0.96	38.4	0.04	24.576	20.48	7.68	0	0.144
	单用户忙时业务使用次数/BHSA	1.8								
	单用户忙时业务平均吞吐量（kbit/s）	92.587								

续表

系统统计结果	小区驻留用户数	588
	建立 RRC 链接用户比例	10.00%
	RRC 链路激活用户比例	30.00%
	VOIP 业务用户激活比例	20.00%
	MAC 层传输效率因子	98.60%
	RRC 链接用户数	59
	VOIP 用户数	4
	系统忙时每秒接入业务数	0.29
	系统忙时平均吞吐量/（Mbit/s）	1.633 238
	系统忙时 MAC 层平均吞吐量/（Mbit/s）	1.656 381

• 4G 全网仿真软件话务模型设计

在仿真软件中，为了精简计算过程，特设计了三种主流业务种类和流量的需求，并根据各场景应用的不同，设计了不同的系统用户数目和在线激活比例等精简参数。表 2-9 为软件中所使用的密集城区初期话务模型，其中浅灰色底纹的输入参数均为系统仿真或统计数据。

表 2-9　4G 全网仿真软件话务模型示例

		业务类型	交互类（QCI5～8）	背景类（QCI=9）	流类（QCI=4）
A市	单用户统计结果		HTTP WWW	FTP	VOD/AOD
		单业务业务速率/kbit/s	256	1 024	1 024
		单业务忙时占比系数	20.00%	30.00%	50.00%
		忙时平均上网总业务激活时间/s	650		
		单平均数据流量/kbit/s	9.24	55.47	92.44
		单用户忙时业务平均吞吐量/kbit/s	157.16		
	系统统计结果	移动上网用户数	12 000 000		
		Z 运营商 4G 移动用户数占比	5%		
		FDD 单站三小区吞吐量/Mbit/s	225		
		MIM02×2 吞吐量增加系数	2		
		该市 4G 用户数	600 000		
		本市规划区域总吞量/Mbit/s	92 083.33		
		MIMO-FDD 单站点吞吐量/Mbit/s	450		
		FDD 站点数	205		

2.3.2　容量估算

容量估算的理论方法如下。

1. 单用户吞吐量需求

通过话务模型中的业务类型、不同业务类型速率、不同业务占比、激活时间等计算出忙时单用户的平均吞吐量需求。

2. 系统吞吐量需求

根据规划区域 LTE 网络的用户数，乘以忙时单用户平均吞吐量，得到规划区域总的吞吐量需求。

3. 容量规划站点数

根据规划区域无线环境和系统带宽、多天线模式、一定子帧配置、基站类型（全向站）、基站天线数、基站总发射功率等条件，通过系统仿真得到该规划区域内小区平均吞吐量或单站吞吐量，最终得出容量估算站点数。

容量估算站点数=规划区域总的吞吐量需求/单站平均吞吐量

2.4 规模估算

覆盖估算和容量估算为大致了解规划区域内的基站规模提供了依据。在覆盖估算和容量估算的结果中，数值大的结果为网络规划的站点数。一般情况下，覆盖估算所需的基站数量会大于容量估算所需的基站数量，特别是在网络建设初期，覆盖估算的基站规模就是网络的规模。

网络规模估算之后，可以大致确定基站的数量和密度，利用专业仿真软件进行网络规模估算结果的验证工作。通过仿真来验证估算的基站数量和密度能否满足规划区对系统的覆盖和容量要求，以及混合业务可以达到的服务质量。

2.4.1 4G 全网仿真软件无线规模估算

无线规模估算流程如图 2-4 所示。

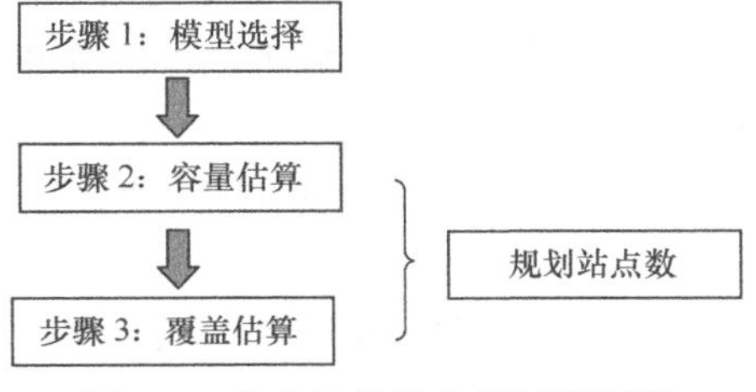

图 2-4　仿真软件站点规划流程图

（1）从任务背景说明中，分析三个城市的地形场景、用户需求应用模式等特点，从模型集中选取适宜当前城市的话务模型。

（2）选取模型后，系统会生成一套该模型对应的系统参数，代入步骤 2 的容量估算步骤，根据计算步骤指引，最终计算得出容量估算站点数。

（3）在步骤 3 中，系统根据模型选择结果，生成模型对应的小区覆盖半径基准，结合场景选择适宜部署的站点选型后，根据计算步骤指引，最终计算得出覆盖估算站点数。

（4）比较容量估算站点数和覆盖估算站点数，选取数目较大者为最终网络规划的站点数。

2.5 无线参数规划

在确定站点位置后，需要进行无线参数规划，包括基本无线参数（Cell ID、PCI、频段、ICIC 等）、邻接关系、邻接小区等参数。

2.5.1 频率规划

频率规划是根据可用频段资源，对移动通信网络的每个小区分配一定的频段，同时考虑干扰和最大复用系数，保证高的频谱利用率。

LTE 频率组网方式有同频组网和异频组网两种。同频组网能提高系统的频谱效率，减小小区间的同频干扰，提升小区边缘系统性能；异频组网能有效解决小区间的同频干扰问题，提升小区边缘的系统性能，但频谱效率不高。

在 LTE 系统中有 1.4MHz、3MHz、5MHz、10MHz、15MHz 和 20MHz 共六种带宽配置方案，在实际网络建设中，一般采取 10MHz 或 20MHz 带宽配置方案。如果采用 10MHz 带宽组网可采用异频组网方式；如果采用 20MHz 带宽组网，由于现有 F 频段和 D 频段带宽较窄，因此一般采用同频组网方式。

2.5.2 eNodeB ID

eNodeB 标识，取值范围为 0～1 048 575，与 PLMN、CellId 共同构成 ECGI；Cell Idendity 中包括 28bit 信息，前 20bit 是 eNodeB ID，用于在 PLMN 范围内唯一标识一个 eNodeB，即在一个国家的一个运营商网络中保持唯一。

分配原则是需要考虑不同运营商的实际情况。

（1）小型网络：如果一个运营商只获取一个小型网络，可以从 0 开始顺序编号。

（2）通用网络：使用 ABCDEF，AB 表示城市，可区分 90 个城市，F 用于区分室内外，0 表示室内，其他表示室外。

（3）大网络的规模：对于大型网络，需要考虑全国网络的分配，不同城市之间需要协调分配。

如果是全国城市综合考虑，对于 ABCDEF 这一段分配，AB 表示城市，可区分 90 个城市，每个城市可支持 9 999 个站点。

当城市数大于 90 时，可以将 AB 段的一个用于两个或者以上城市，这样一个城市可以支持 5 000 或者以下站点，考虑城市多以后，小城市的站点规模并不大，可以在同省的 AB 下再进行分割。F 用于区分室内外，0 表示室内，其他表示室外，特殊站型也可以考虑进行特殊标识，比如 9 用作表示拉远站点。

当 ABCDEF 不够用时：

① 考虑使用 6 位以下编号 ABCDE，可以有 10 万个编号可用，从 0 到 99 999；

② 考虑使用 7 位编号，ABCDEFG，还有 48 575 个编号可用，预留 500 个编号，还

有 48 000 个左右可用。

（4）共用网络：比如对于 Hi3G，需要考虑与 FDD 共用，可以按照如下方案使用 ABCDEF 共 6 位表示。

① A 取 1 表示 TDD，取 5 表示 FDD；

② B 用于表示城市；

③ C 可不用表示特定含义，也可以用于表示行政区；

④ F 用于区分室内外，0 为室内站，其他为室外站。

2.5.3 Cell ID

对应于 ECGI 中 Cell Idendity 的最低 8bit。该参数与 eNodeB Index、PLMN 一起构成 ECGI，用于在 PLMN 内唯一标识一个小区，该参数在 eNodeB Index 中保持唯一即可。

分配原则如下。

同 eNodeB 内保持唯一。

默认从 0 开始，0、1、2 分别表示三个小区，多于 3 个小区时，顺序进行编号即可。室内站点可以从 100 开始编号。如果考虑不同厂商、不同制式之间共用，可以按照如下规则分配：

（1）0 开始可以作为室外站点小区编号；

（2）100 开始作为室内站点小区编号起始点；

（3）200 开始作为异厂商小区编号起始点。

2.5.4 Tracking Area Code

TAC 是 PLMN 内跟踪区域的标识，用于 UE 的位置管理和寻呼，需要在 PLMN 内唯一。

TAI=PLMN+TAC

每一个 cell 必然属于一个 TA（Trace Area），且仅属于一个 TA。

此参数需要考虑同一个 TAC 适用的小区个数。TA 包括的小区很多，可能导致寻呼成本高；TA 包括的小区很少，可能导致位置更新成本高。TAC 与小区的绑定关系与小区大小、是否为高速小区有关，同时需要结合 TA List 的配置共同考虑。

TA，与 2G/3G 的 LA 和 RA 相似，在 LTE 阶段，CN 对小区仍不可见（小区只是接入网的概念），CN 只对 TA 可见。一个 TA 对应一个或多个小区。CN 的寻呼在 TA 内（或 TA List 内）进行寻呼，eNB 通过 TA 和小区的对应关系，在对应的小区内进行寻呼。

在 LTE 中引入了 TA List 的概念，在 TA List 边界才会发起 TAU，所以这样做的好处是能够减少 TAU 的数量。当然会造成寻呼负荷的增加，LTE 系统的寻呼能力高，这样突发性的大量寻呼对 LTE 系统造成的负担有待进一步评估。TA 大小应该与 RA 类似甚至更小（一个 TA List 和一个 RA 相当）。目前默认 TA List 下一个 TA 即可。

分配原则如下。

1. 移动台角度

如果 TAC 覆盖范围过小，则移动台发生位置更新的过程将增多，从而增加系统中的信令流量；反之，位置区覆盖范围过大，则网络寻呼移动台的同一寻呼消息会在许多小区中发送，会导致 PCH 信道负荷过重。

2. 地理位置因素

尽量利用移动用户的地理分布和行为进行 TAC 区域划分，达到在位置区边缘位置更新较少的目的。

在高话务的大城市，如果存在两个以上的位置区，可以利用市区中山体、河流等地形因素来作为位置区的边界，减少两个位置区下不同小区的交叠深度。如果不存在这样的地理环境，位置区的划分尽量不要以街道为界，边界不要放在话务量很高的地方（比如商场）。一般要求位置区边界不与街道平行或垂直，而是斜交。在市区和城郊交界区域，一般将位置区的边界放在外围一线的基站处，而不是放在话务密集的城郊结合部，避免结合部的用户频繁进行位置更新。

2.5.5 Physical Cell ID

标识小区的物理层小区标识号：一个 LTE 系统共有 504 个 PCI，PCI 取值范围（0～503）分成 168 组，每组包含 3 个小区 ID。UE 通过检测 SSCH 识别是 168 个小区 ID 组中的哪一组，通过检测 PSCH 识别是该组内 3 个小区 ID 中的哪一个 ID。取值范围是 0～503。

$$N_{\mathrm{ID}}^{\mathrm{cell}} = 3N_{\mathrm{ID}}^{(1)} + N_{\mathrm{ID}}^{(2)}$$

主同步信号承载 $N_{\mathrm{ID}}^{(2)}$（0～2），辅同步信号承载 $N_{\mathrm{ID}}^{(1)}$（0～167）。

在特定的地理区域内，各个小区的 PCI 各不相同，PCI 可以作为一个很好的小区标识相互区分，并同时用于小区特定加扰、Security Key 的生成等。Physical Cell ID 在同一个地区、同一个频点内需要尽量保持唯一，同一个频点不同 PLMN 的情况（边界）也需要保持唯一，否则可能出现 PCI 冲突（具有相同 PCI 的小区出现在同覆盖区域）或者 PCI 混淆（某小区存在两个或以上具有相同 PCI 的邻区）。一个宏 eNB 通常有三个小区，建议 $N_{\mathrm{ID}}^{(2)}$ 分别取 0、1 和 2，这样相邻小区主同步信道可以尽量相互区分开来。

PCI 在网络中主要用于小区搜索过程中，具体的小区搜索流程如下。

小区搜索通过若干下行信道实现，包括同步信道（SCH）、广播信道（BCH）和下行参考信号（RS）。

SCH 又分成主同步信道（PSCH）和辅同步信道（SSCH），BCH 又分成主广播信道（PBCH）和动态广播信道（DBCH）。除 PBCH 是以正式“信道”出现的以外，PSCH 和 SSCH 是纯粹的 L1 信道，不用来传送 L2/L3 控制信令，而只用于同步和小区搜索过程；DBCH 最终承载在下行共享传输信道（DL-SCH）上，没有独立的信道。下面为小区搜索流程。

检测 PSCH，用于获取 5ms 时钟，并获得小区 ID 组内的具体小区 ID。

检测 SSCH，用于获得无线帧时钟、小区 ID 组、BCH 天线配置。

检测下行参考信号，用于获取 BCH 天线配置、是否采用位移导频。

读取 BCH，用于获取其他小区信息。

（1）目前软件中 PCI 分配按照如下原则进行。

① 共站小区 PCI 不同。

② 邻区和邻区的邻区 PCI 不同。

③ 同一个站点的小区 PCI 之间保证模三不等，本小区与最近邻区尽量模三不等。

④ 复用 PCI 的两个小区之间距离尽量远。

⑤ 复用距离内小区需要 PCI 复用时，按照如下原则。

根据优先级复用：当任何一个 *M* 集合中的 PCI 分配完，比如分配到小区 Z 需要复用时，根据矩阵 ***I*** 和 ***F*** 选择已分配 PCI 的所有小区中离 Z 小区优先级最低的小区的 PCI 进行复用，其他未分配小区的 PCI 分配依次类推。

（2）使用中，一般情况下推荐按照如下选用原则使用 PCI。

① 预留 9 个 PCI 用于 CSG 小区（目前特指 HeNBs）。PCI 取值为 495～503。

② 预留 21 个 PCI 用于室内覆盖及微基站系统。PCI 取值为 474～494。

③ 预留 9 个给增加的宏站。PCI 取值为 465～473。

④ 其他 PCI 用于宏站。PCI 取值为 0～464。

⑤ 另外，对于厂家边界，给出预留的策略，建议不同厂家通过预留不同的 PCI 来规避边界问题，需要与相应设备厂商进行协商。

⑥ 本地环境不同载频可以使用相同的 PCI。

2.5.6　邻区规划

邻区规划的目的是保证在小区服务边界的手机能及时切换到信号最佳的邻小区，以保证通话质量和整网的性能。

一般按照如下原则进行分配。

（1）地理位置上直接相邻的小区一般要作为邻区。

（2）邻区一般都要求互为邻区；在一些特殊场合，可能要求配置单向邻区。

（3）邻区适当原则。邻区不是越多越好，也不是越少越好。应该遵循适当原则。太多，可能会加重手机终端测量负担；太少，可能会因为缺少邻区导致不必要的掉话和切换失败。初始配置推荐在 16 个以内。

（4）邻区应该根据路测情况和实际无线环境而定。尤其对于市郊和郊县的基站，即使站间距很大，也尽量将位置上相邻的作为邻区，保证能够及时进行可能的切换。

2.6　无线开通配置

2.6.1　站点规划概述

LTE 室外部署应以网络数据业务量、区域重要性为判断依据，以城区连片的面覆盖和部分重要区域的点覆盖为主，合理规划选择站址。再结合站点勘察，对初始站点规划进行调整，最终确定站点合理布局。如果站址选择合理，可以减少 UE 的发射功率电平，从而减少干扰，增加网络容量。

● 站址选择

站址选择需要遵循以下基本原则：重点覆盖区必须选站点；中心城区主要干道必须选站点；“重点”站点选择之后，完成“次要”覆盖区大面积连续覆盖。

站址应尽量选择在规则蜂窝网孔中规定的理想位置，其偏差不应大于基站区半径的1/4，以便频率规划和以后的小区分裂。

基站的疏密布置应对应于话务密度分布。在网络建设初期设站较少时，选择的站址应保证重要用户和用户密度大的市区有良好的覆盖。

在勘测市区基站时，对于小蜂窝区（R=1～3km）基站宜选高于建筑物平均高度但低于最高建筑物的楼房作为站址；对于微蜂窝区基站，则选低于建筑物平均高度的楼房设站且四周建筑物屏蔽较好。在勘测郊区或乡镇站点时，需要对站址周围是否有容易受到遮挡的较大话务地区进行调查核实。

在市区楼群中选址时，应避免天线附近有高大建筑物或即将建设的高大建筑物阻挡所需覆盖的区域。

避免在高山上设站。在城区设高站干扰范围大，影响频率复用。在郊区或农村设高站往往对处于小盆地的乡镇覆盖不好。

● 站点勘察

工程勘察是工程实施前一个重要的环节，主要目的是通过现场勘察取得可靠的数据，为工程设计、网络规划及将来的工程实施奠定基础，其主要作用是确定后期建设方案。

通过现场实地勘察来判断站点是否适合建站，如果不适合，需尽早更换站址。

初步确定建设方案，为将来的工程设计、网络规划取得准确的数据。

通过现场勘察，对将来工程实施中可能会遇到的困难有预知，比如说，在风景区新建站点就必须考虑基站与环境的协调一致。

● 勘察报告

在工程勘察完毕后，需要对整个勘察过程做一个全面的总结，对各项结果进行精简的描述，在勘察基础上对此次勘察给出结论，完成勘察报告和环境验收报告等勘察文档。

报告中与工程实施相关的主要内容有：

站点位置，包括地址和经纬度等；

站点环境调查，物业类型和安装位置；

天线安装参数，安装位置、方位角和下倾角等；

现网基站信息、环境照片等信息。

2.6.2 无线站点机房部署

在 4G 全网仿真软件的第二大模块容量估算可以看出，每个市的规模站点可以达到上千数量级。为了更方便和直观地验证 LTE 接入和切换以及业务流程，4G 全网仿真软件设计在每个市都抽取一个站点机房作为仿真实验样本，来完成后续的站点机房部署、开局数据配置、业务演示和切换演示等任务。这三个站点样本分别选址在三个城市交界处，每个站点机房根据需要规划部署 1～3 个小区，并完成相应的无线设备部署和站点机房传输设备的规划以及开局数据、切换数据的规划。

在万绿、千湖和百山三市交界地带，有三个 A 站点机房站址，其中万绿 A 站点机房站址如图 2-5 所示，规划覆盖区域为 W1、W2 和 W3，千湖 A 站点机房规划覆盖区域为 Q1、Q2 和 Q3，百山 A 站点机房规划覆盖区域为 B1、B2 和 B3。根据任务要求，每个 A 站点机房完成 1～3 个小区的 eNB 相关网元组网部署和设备接口连线规划。如果其中一个小区完成了设备部署，并且后续数据配置正确，该小区就能单独向终端提供业务功能，即使其他小区仍未部署好或存在故障。三个城市的 A 站点机房分别对应的规划小区如图 2-6 所示。

图 2-5　4G 全网仿真软件站点机房选址示例

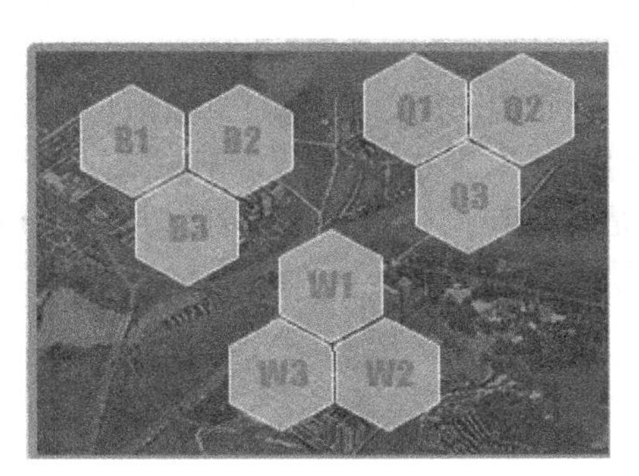

图 2-6　4G 全网仿真软件小区图示

2.6.2.1　设备组网

LTE 的无线接入网元 eNB 在现网中一般由分布式系统 BBU 和 RRU 两个网元构成。系统在 LTE 架构中的位置如图 2-7 所示。

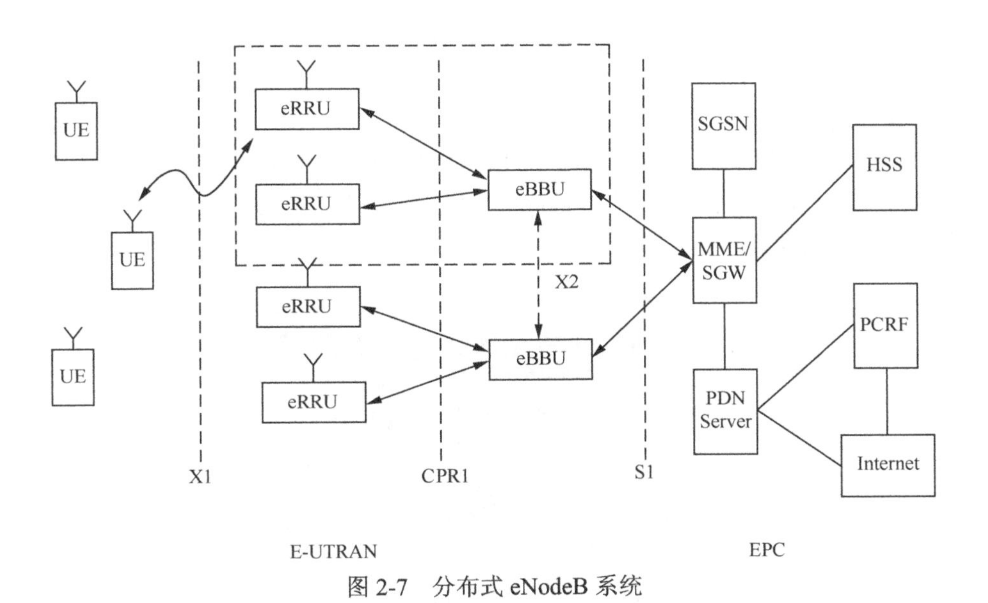

图 2-7　分布式 eNodeB 系统

- BBU 基带单元功能

完成 Uu 接口的基带处理功能（编码、复用、调制和扩频等）、eNB 接口功能、信令处理、本地和远程操作维护功能，以及 eNB 系统的工作状态监控和告警信息上报功能。

● RRU 射频单元功能

主要包括信号调制解调、数字上下变频、A/D 转换等；完成中频信号到射频信号的变换；再经过功放和滤波模块，将射频信号通过天线口发射出去。

在现网中，采用分布式 eNB 系统有以下几个优点：节省建网的人工费用和工程实施费用；既可快速建网，又可节约机房租赁费用；升级扩容方便，可以节约网络初期的成本；分布式组网，可有效利用运营商的网络资源；支持 BBU+eRRU 分布式组网，支持基带和射频之间的星状、链形组网模式。

分布式组网支持 BBU 和 RRU 星状、链形组网模式，如图 2-8 所示。在仿真软件中，采用 BBU+3×RRU 星状组网模式，提供 3 个小区的无线接入覆盖功能。其中一个 RRU 只提供一个小区无线信号覆盖功能，并根据 eNB 制式属性配置，提供 FDD 或 TDD 制式信号服务。

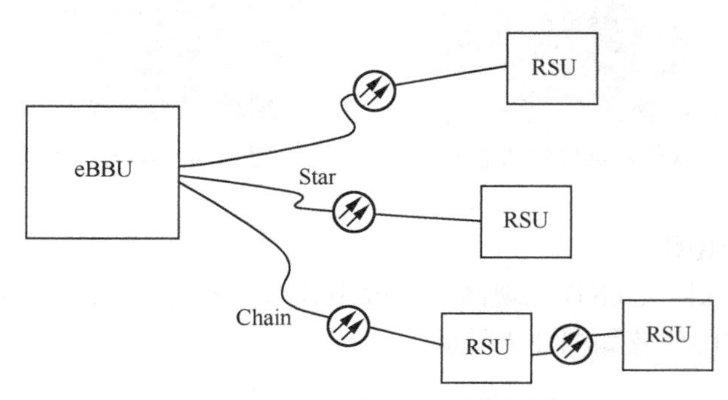

图 2-8　BBU 和 RRU 星状组网

2.6.2.2　设备配置

每个站点机房采用 BBU+3×RRU 的星状组网模式，提供 3 个小区的覆盖服务，图 2-9 所示为每个 A 站点机房三小区满配时，机房设备架构示意图，除 PTN 为承载设备外，其余均为无线设备。

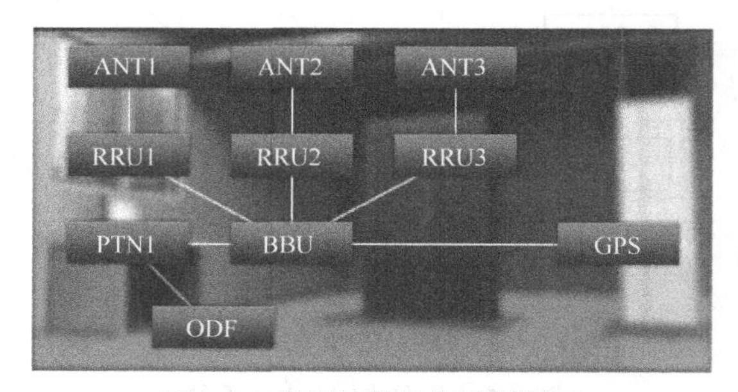

图 2-9　仿真软件机房满配图示

设备配置步骤如下。

步骤一，设备安装。

（1）BBU 安装，在现网中，BBU 有以下几种安装方式。

① 落地安装：安装在简易 19 英寸机架内。

② 挂墙安装：壁挂式安装。

③ 机柜安装：安装在 19 英寸标准机柜内。

在 4G 全网仿真软件中采用的是机柜安装：在机房界面里，从右下角的设备池拖放 BBU 设备到 BBU 机柜中，如图 2-10 所示。

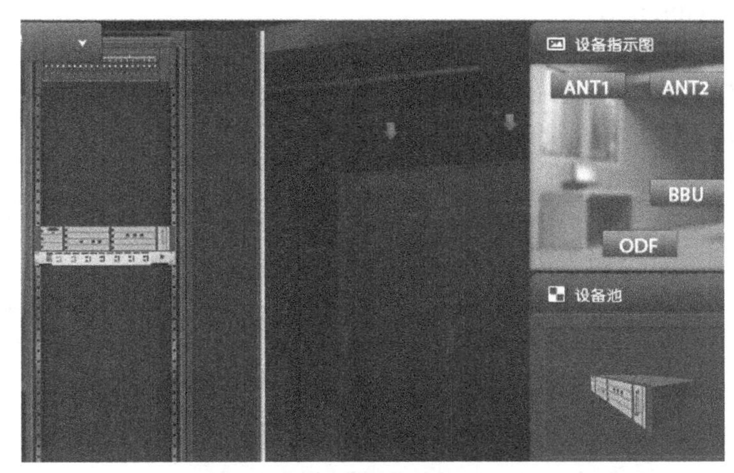

图 2-10 仿真软件机房 BBU 安装

（2）RRU 安装，在现网中有以下几种安装方式。

① 抱杆安装：安装在天线下面的主抱杆上，或在铁塔安装时安装在平台护栏内的辅抱杆上。

② 挂墙安装：安装在楼顶女儿墙内侧或楼房顶的外墙。

③ 一体化箱体式安装：当前两种方式都无法安装时，需要另外的一体化箱体用于安装。

在 4G 全网仿真软件中采用的是天线抱杆安装，在塔顶界面，从设备池中拖放 RRU 到相应位置，如图 2-11 所示。

图 2-11 仿真软件机房 RRU 安装

步骤二，设备线缆连接。

4G 全网仿真软件设计中遵循去厂家化和通用性原则，对实际设备进行了精简设计，在设备硬件设计上只保留了需要和其他网元连接的通用性接口。按照接口规划，需要完成下面几类连线步骤：

① BBU 与 RRU 间连线；

② BBU 与 GPS 间连线；

③ BBU 与承载设备（PTN）连线；

④ RRU 与 ANT 天线连线。

其中 BBU 和 RRU 的可连接接口如图 2-12 和图 2-13 所示。

接口名称	说明
T×0/R×0，T×1/R×1，T×2/T×2	连接 RRU
T×/R×，EHT0	连接承载设备
IN	GPS 接口

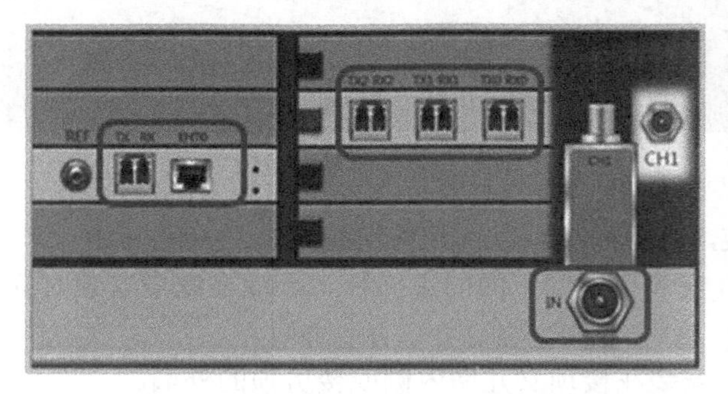

图 2-12　仿真软件 BBU 接口示意图和说明（1）

接口名称	说明
OPT1	连接 BBU 接口
ANT1，ANT2，ANT3，ANT4	连接天线接口

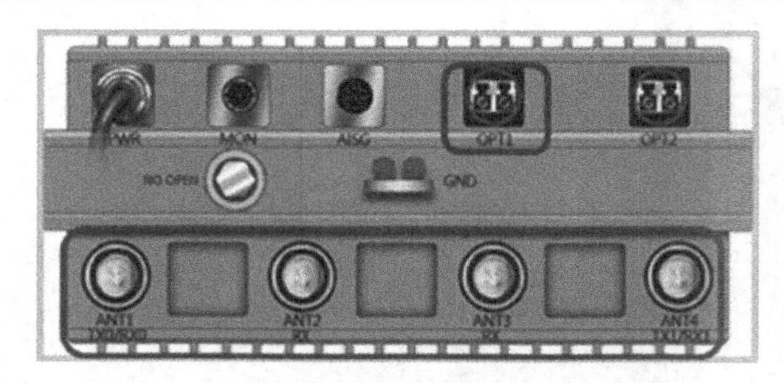

图 2-13　仿真软件 BBU 接口示意图和说明（2）

机房完成设备配置后，连线组网关系如图 2-14 所示，其中涉及的线缆一共有 5 种，如表 2-10 所列。

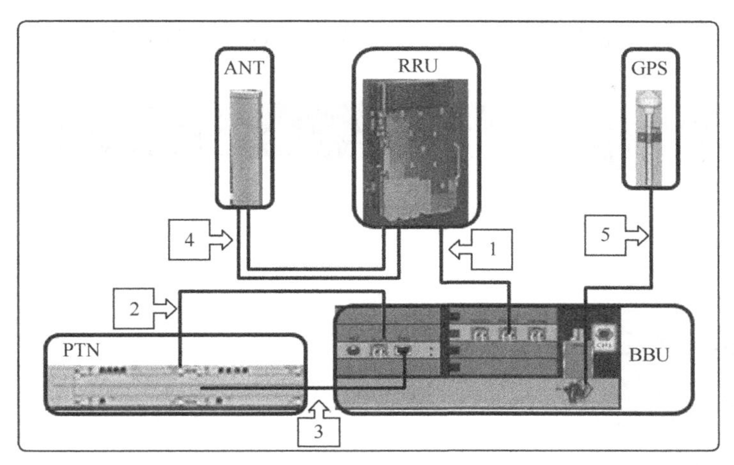

图 2-14　站点 A 机房组网连线逻辑示意图

表 2-10　站点 A 机房组网连线说明

序号	说明
1	BBU 至 RRU OPT1 光纤
2	BBU 至传输设备光纤
3	BBU 至传输设备以太网线
4	RRU 射频馈线/跳线
5	GPS 馈线

2.6.2.3　设备开通配置

现网站点开通总体流程如图 2-15 所示，完成站点机房设备安装后，需要使用网管工具 OMM 维护管理硬件设备，通过加载分发版本和分发数据配置激活硬件设备，使其正常工作。

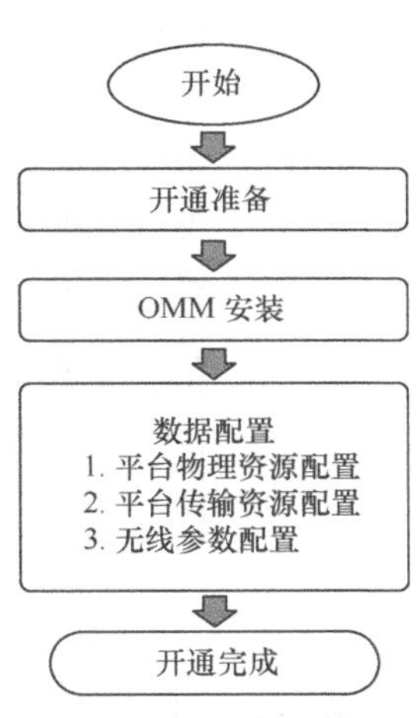

图 2-15　站点开通流程图

在 4G 全网仿真软件中，通过“数据配置”模块模拟仿真网管的数据配置和分发数据的过程。其中无线数据配置需要完成“数据配置”单元中三市 A 站点机房的相关配置，为了提高仿真效率，软件中的无线配置省略了很多与系统管理和系统性能有关的无线参数，仅保留了站点开通所需的最精简配置。

配置界面如图 2-16 所示，分为三大区域。

网元节点区域：进行网元类别的选择及切换，根据站点机房的选择以及机房实际设备配置情况，无线涉及的网元节点有 BBU、RRU1/2/3、无线参数三大类。

命令导航区域：随着网元节点的切换，按树状显示归属该网元的配置命令。

参数配置区域：根据网元节点以及相关归属命令的选择，提供对应参数输入及修改。

无线数据配置按网元节点共分为 BBU 配置、RRU 配置和无线配置三大部分。

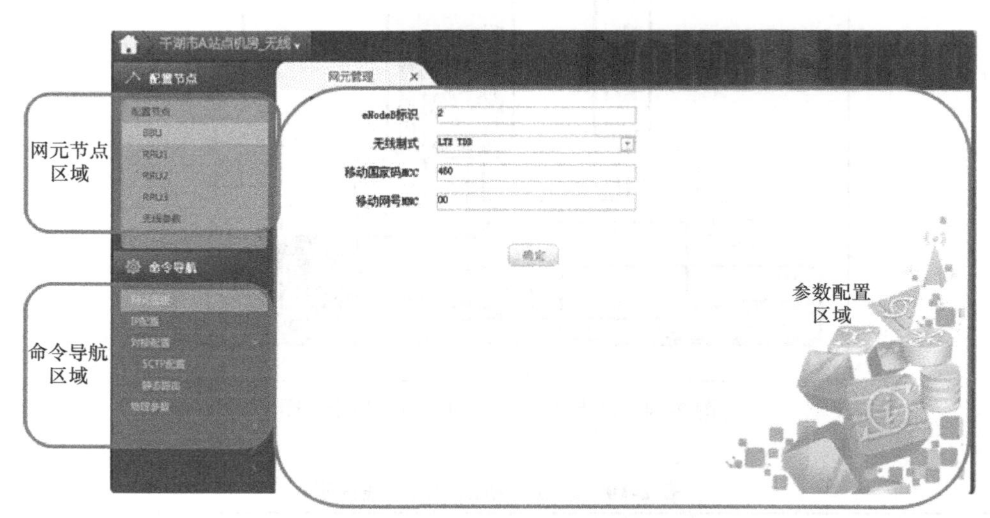

图 2-16　4G 全网仿真数据配置界面

1. BBU 数据配置

BBU 数据配置如图 2-17 所示。

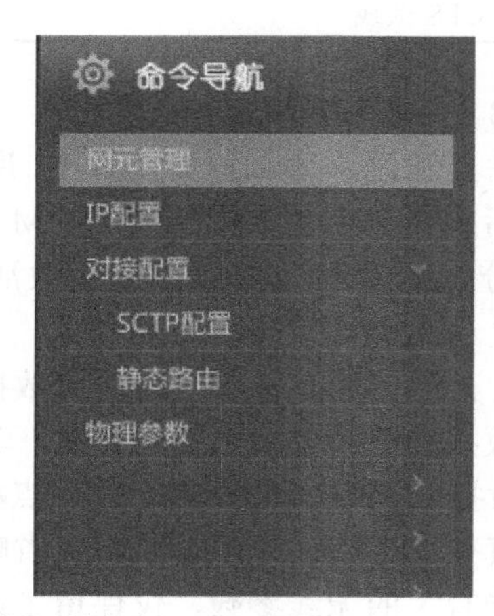

图 2-17　BBU 数据配置命令

在 eNodeB 分布式系统中，BBU 作为信令协议的主控、传输数据处理以及物理资源调配的控制网元，eNodeB 相关设备属性参数都在 BBU 节点实现。如图 2-18 所示，BBU 网元节点下的命令导航配置有四个部分。

（1）网元管理：配置 eNodeB 的相关网络标识参数，设备属性等参数，如表 2-11 所示。

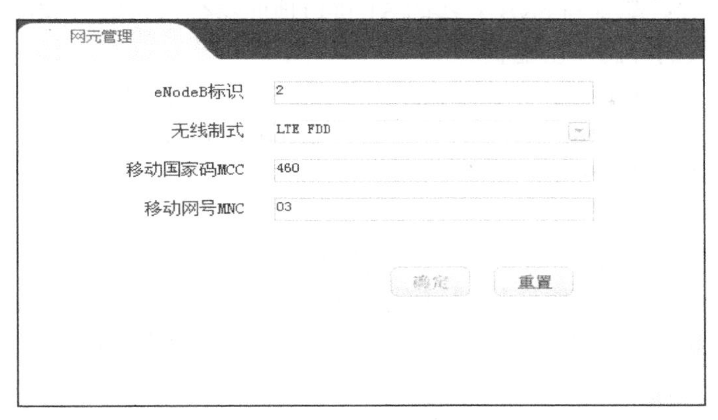

图 2-18　BBU 网元管理配置页面

表 2-11　BBU 网元管理参数说明

参数名称	说明	取值举例
eNodeB 标识	配置 eNode 全局 ID 标识	2
无线制式	配置基站 FDD/TDD 制式属性	LTE FDD
移动国家码 MCC	3 位数，唯一识别移动用户所属的国家，与核心网数据一致	中国：460
移动网号 MNC	2～3 位数，用于识别移动用户所属的移动网络，根据核心网规划填写	03

（2）IP 配置：在 LTE 的全 IP 架构里，配置 eNodeB 网元的 IP 配置属性参数如图 2-19 所示及表 2-12 所示。

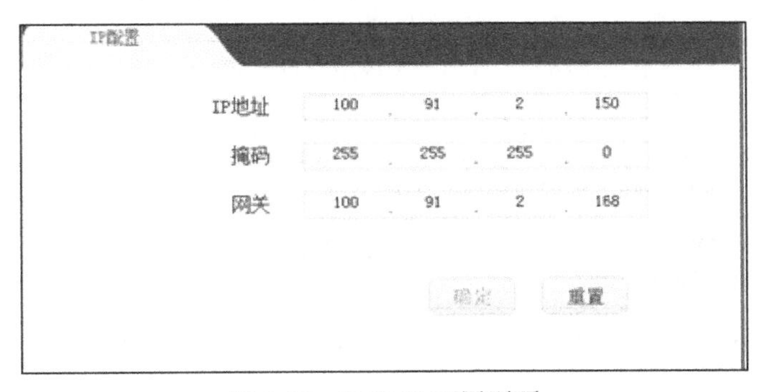

图 2-19　BBU IP 配置页面

表 2-12　BBU IP 配置参数说明

参数名称	说明	取值举例
IP 地址	基站侧 IP 地址，用于不同业务通道的基站侧唯一本地地址	100.91.2.150
掩码	对应基站侧规划的子网掩码	255.255.255.0
网关	基站侧规划子网第一个网关地址，工程模式需对应承载设备接口地址	100.91.2.168

（3）对接配置：配置与 eNB 对接的 S1 接口地面参数，包括与 MME 对接 SCTP 参数和与 SGW 对接的静态路由配置。

S1 接口定义为 E-UTRAN 和 EPC 之间的接口。S1 接口包括两部分：控制面的 S1-MME 接口和用户面的 S1-U 接口。S1-C 接口定义为 eNodeB 和 MME 功能之间的接口；S1-U 定义为 eNodeB 和 SGW 网关之间的接口。

● SCTP 配置

S1-C 接口的协议结构如图 2-20 所示，S1-C 接口是基于 IP 传输的，在 IP 层之上采用的是 SCTP（流控制传输协议），为无线网络层信令消息提供可靠的传输。

SCTP 配置是在基站侧对 S1-C 接口进行配置，配置内容如图 2-21 所示及表 2-13 所示。

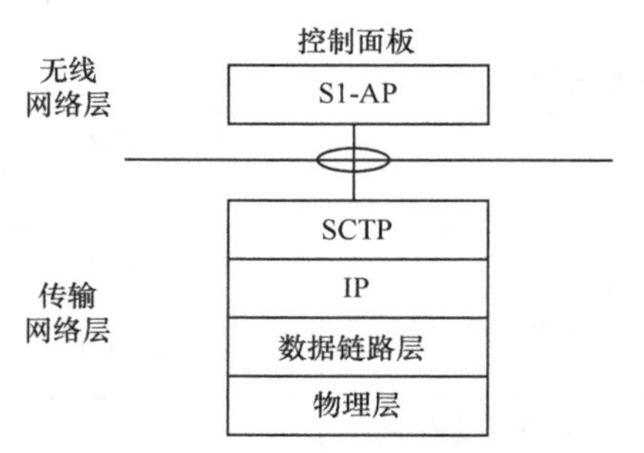

图 2-20　S1-C 接口协议结构

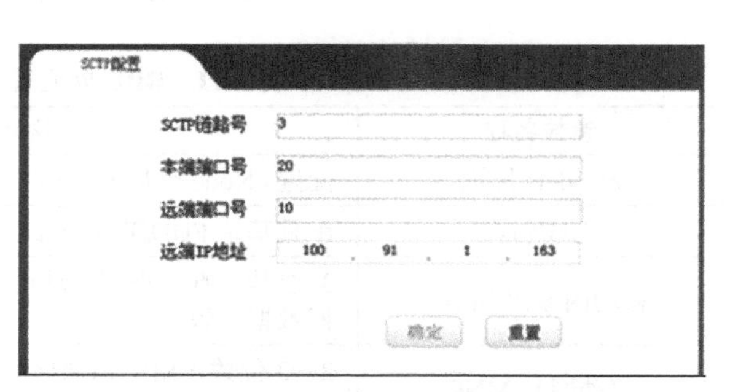

图 2-21　BBU SCTP 配置页面

表 2-13　**BBU SCTP 配置参数说明**

参数名称	说明	取值举例
SCTP 链路号	SCTP 偶联的链路号，取值范围内用户自定义	3
本端端口号	SCTP 偶联的基站侧本端端口号，在取值范围内可以任意规划。现网推荐为 36 412（参考 3GPP TS 36.412），如果局方有自己的规划原则，以局方的规划原则为准	20
远端端口号	SCTP 偶联的远端端口号，对应为 MME 本端地址，需和 MME 规划数据一致	10
远端 IP 地址	SCTP 偶联的远端 MME 业务 IP 地址，与 MME 侧规划数据一致	100.91.1.163

● 静态路由

S1 接口用户面 S1-U 是 eNodeB 和 SGW 网关之间的接口，基于 UMTS 网络的 GTP/UDP/IP 协议栈，如图 2-22 所示。使用 GTP-U 协议栈的优势是此协议内在的隧道标识的便利性。传输层由 GTP 隧道端点和 IP 地址标识。

S1-U 链路配置在仿真软件中由静态路由配置实现，配置内容如图 2-23 所示及表 2-14 所示。

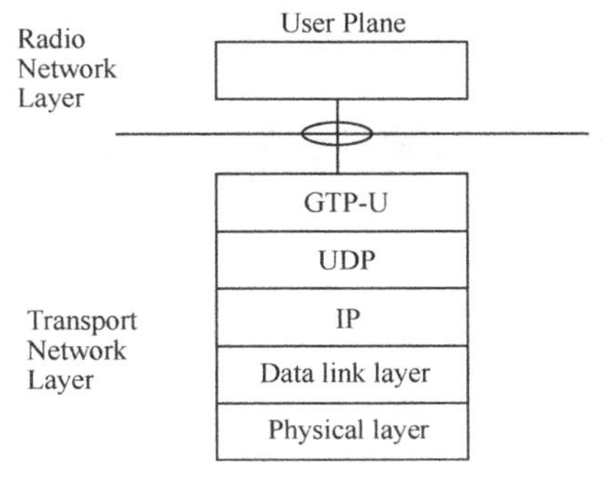

图 2-22 S1-U 接口协议结构

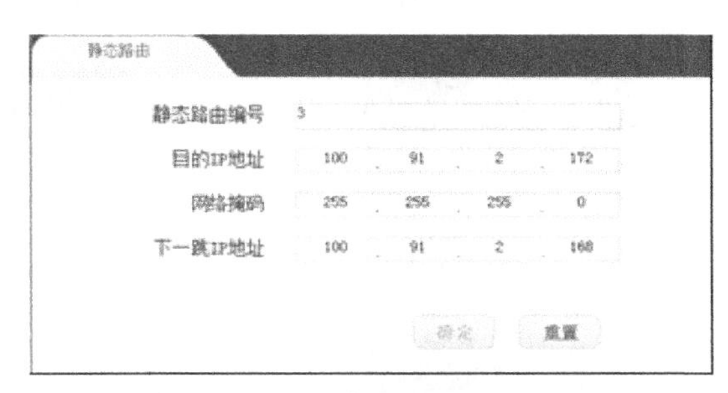

图 2-23 BBU 静态路由配置页面

表 2-14 BBU 静态路由配置参数说明

参数名称	说明	取值举例
静态路由编号	编号，用于标识路由	3
目的 IP 地址	S1-U 报文目地 IP 地址，在本软件中填入 SGW 业务地址	100.91.2.172
网络掩码	IP 地址所对应的子网掩码	10
下一跳 IP 地址	基站发送报文到达目的时所经过的第一个网关地址，工程模式需对应承载设备接口地址	100.91.2.168

在现网中，EPC 和 eNodeB 之间的偶联关系可以是多到多，即 S1 接口实现多个 EPC 网元和多个 eNodeB 网元之间的接口功能，但目前仿真软件中 eNodeB 的 S1-C 和 S1-U 链路都分别只支持一条偶联对接配置。

（4）物理参数：BBU 设备物理接口属性设置，包括与 RRU 链接的光口激活、与 PTN 链接的接口类型的逻辑配置等，如图 2-24 所示及表 2-15 所示。

图 2-24 BBU 物理参数配置页面

表 2-15 BBU 物理参数配置说明

参数名称	说明	取值举例
RRU 链接光口使能	激活与 RRU 连接的光纤接口，逻辑使能，需要与设备配置中已使用的光纤接口配置一致	勾选 1/2/3
承载链路端口	配置与承载设备间传输优选属性，需与设备配置中所链接的接口属性保持一致	传输光口

2. RRU 数据配置

RRU 的配置命令主要为射频配置，即配置 RRU 射频模块属性，包括收发能力配置和频段范围能力等属性，如图 2-25 所示及表 2-16 所示。

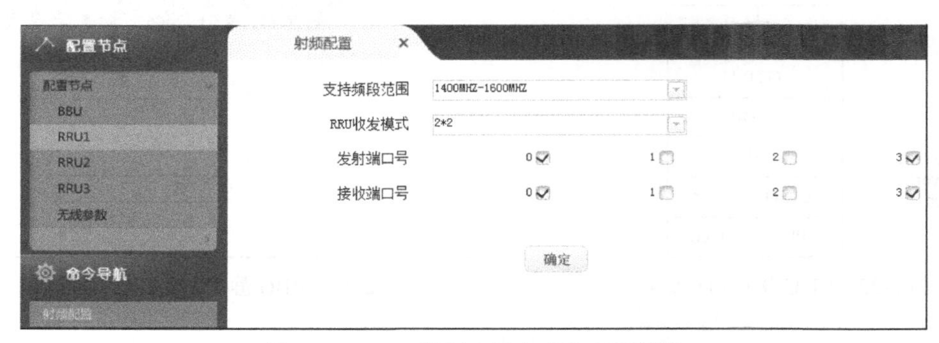

图 2-25　RRU 数据配置命令和配置页面

表 2-16　RRU 射频配置参数说明

参数名称	说明	取值举例
支持频段范围	配置 RRU 频域资源支持能力，与小区频率资源配置、终端拨测终端频率资源配置，三者需匹配	1 400～1 600MHz
RRU 收发模式	MIMO 能力配置，目前支持 2×2 或 2×4，需与下面收发端口数据配置、设备配置中连线清空保持一致	2×2
发射/接收端口号	根据 RRU 收发能力配置以及设备配置中的连线情况，勾选相应的无线信号发射/接收端口	勾选 0，3

3. 无线参数配置

eNodeB 与终端之间的接口定义为 Uu 空口，信号物理传输方式为无线电波。eNodeB 基站侧无线资源的管理配置都在“无线参数”配置节点实现，如图 2-26 所示。

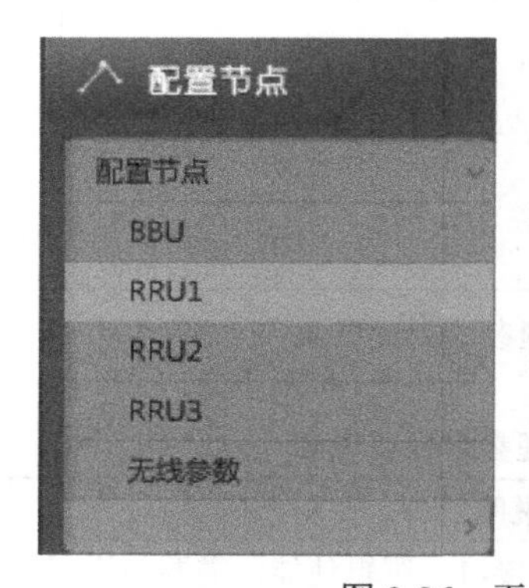

图 2-26　无线参数配置命令

（1）FDD/TDD 小区配置：根据 BBU-制式配置，配置本基站本地 3 个小区的 FDD 或 TDD 制式的无线资源属性。

根据覆盖需要，配置本基站覆盖区域下 1～3 个扇区的本地无线资源属性，点击“+”可以总共添加 3 个小区配置。点击“删除配置”将删除本小区所有数据表项。每个小区的所对应覆盖的物理区域可参见图 2-27 中小地图的高亮区域。

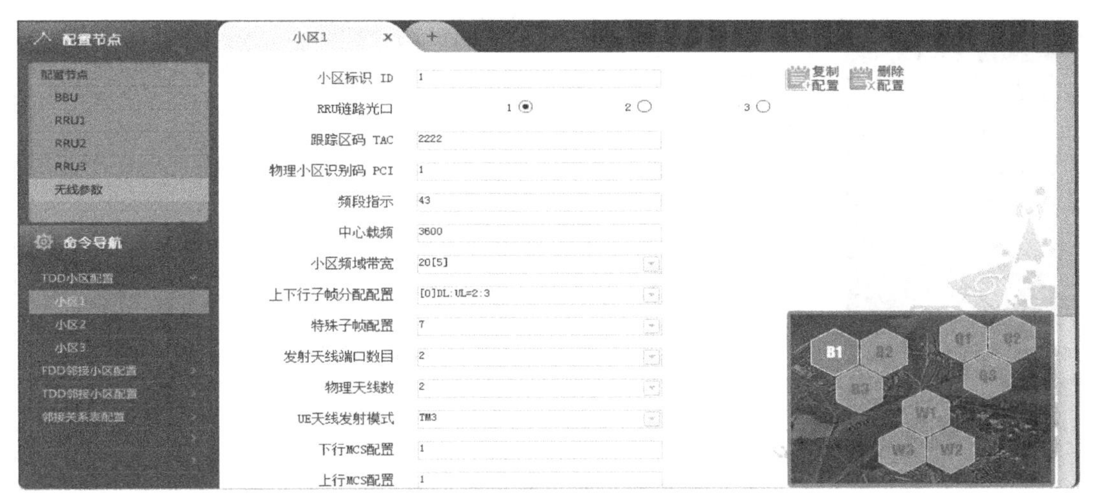

图 2-27　无线参数小区配置页面

无线参数小区配置的主要参数如表 2-17 所示。

表 2-17　无线参数小区配置主要参数说明

参数名称	说明
小区标识 ID	该参数用于标识小区，需保持网元下的唯一性
RRU 链路光口	指示该小区与 BBU 上连接 RRU 的接口号，从而配置与 RRU 物理设备资源的对应关系
跟踪区码 TAC	网络参数，PLMN 内跟踪区域的标识，用于 UE 的位置管理，需在核心网配置相关参数
物理小区识别码 PCI	无线侧资源参数，标识小区的物理层小区标识号
频段指示、中心载频、频域带宽	该组参数指示了小区上下行的频域资源配置，用于确定无线物理信道的频域位置和资源分配等，其中中心载频的设置随着“频段指示”的取值而获得不同的频谱范围。该配置需要与 RRU 支持频段范围、终端频率配置三者间要匹配
上下行子帧分配配置、特殊子帧配置（TDD）	为 TDD 特有参数，配置上下行子帧时间配比和 TDD 帧结构中特殊子帧
描述	为本地小区自定义主观描述

（2）FDD/TDD 邻接小区配置：配置需要与本站所有本地小区产生邻区关系的其他非本站的小区基本属性信息，如图 2-28 所示。

按照规划，物理位置上需要和本站小区产生邻区关系的非本站小区信息配置到本节点下。相关属性、参数和本站小区的“FDD/TDD 小区配置”属性、参数一致。

（3）邻接关系表配置：根据切换的源小区和目的小区直接关系，配置本站本地小区之间邻区两两配对关系；配置本站小区和目的小区为非本站小区的配对邻区关系，其中非本站小区必须先在 FDD/TDD 邻接小区配置中配置小区基本信息。

邻接关系的配置为单向切换方向配置，比如本地小区（源小区）选择 A 小区，目的小区为 B，即此邻接关系表示配置 A→B 的切换关系。如果需要配置 B→A 的切换关系，还需要配置一次。

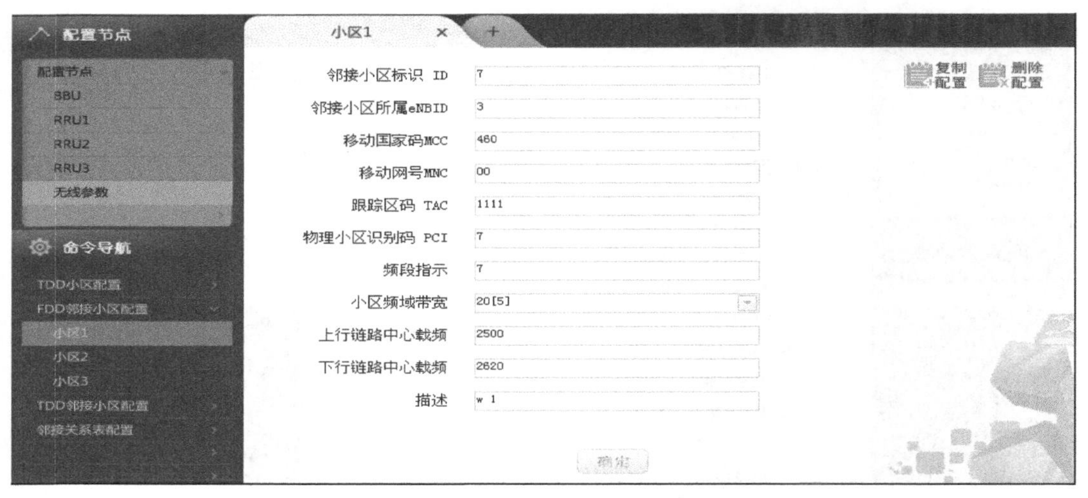

图 2-28　无线参数邻接小区配置页面

邻接关系表配置如图 2-29 所示及表 2-18 所示。

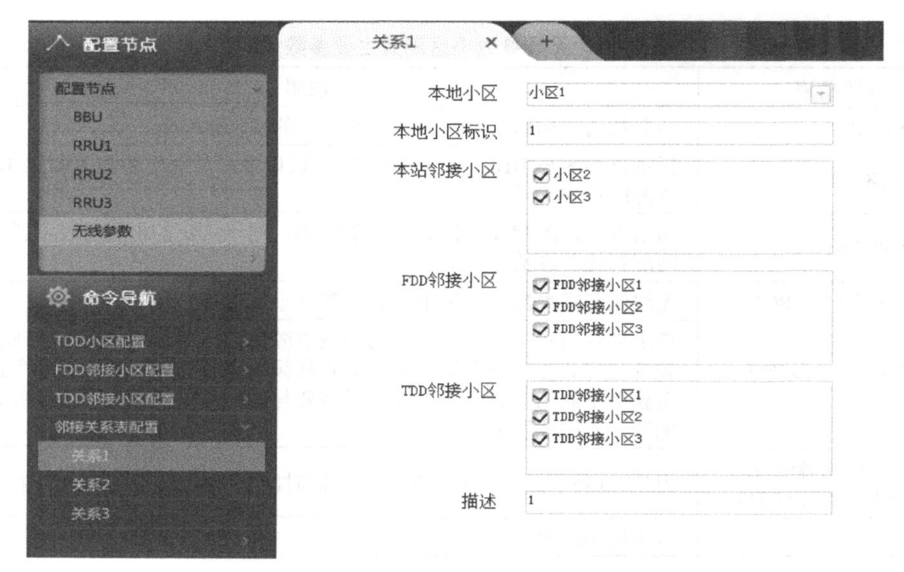

图 2-29　无线参数邻接关系表配置页面

表 2-18　无线参数邻接关系配置参数说明

参数名称	说明
本地小区	选择配置成配对邻区关系的源小区，只能选取本站下本地小区作为源小区
本地小区标识	根据“本地小区”选择，系统自动读取本地小区 ID 标识
本站邻接小区	邻区关系的目的小区选择，系统自动读取本站下除已被选为源小区外的小区，一个源小区根据规划可以和 1～2 个本站小区配置成邻区关系
FDD/TDD 邻接小区	邻区关系的目的小区选择，目的小区为非本站小区。根据“FDD/TDD 邻接小区”节点的已有配置，系统自动生成列表选择，根据规划可以勾选一到多个目的小区分别与“本地小区”（源小区）形成邻区关系

第3章

EPC核心网开通配置

📖 **知识点**

本章将基于"4G 全网仿真软件"，通过一个完整的 EPC 网络站点建设实例来介绍 EPC 网络工程建设的全过程，包括站点网络拓扑的规划、系统容量的规划、地址分配与规划、物理设备布放及连线，以及核心网的主要网元 MME、SGW、PGW 及 HSS 的相关配置，让读者能通过仿真软件的操作实践，深入了解 EPC 网络的部署细节。接下来将分以下几个部分进行介绍:

- EPC 核心网网络规划;
- EPC 核心网设备部署及数据规划;
- EPC 核心网网元开通配置。

3.1 EPC核心网网络规划

3.1.1 网元设置

EPC 核心网主要由移动性管理设备（MME）、服务网关（S-GW）、分组数据网关（P-GW）及存储用户签约信息的 HSS 和策略控制单元（PCRF）等组成，其中 S-GW 和 P-GW 逻辑上分设，物理上可以合设，也可以分设。在前面也提过，当只需要实现 LTE 接入的基本功能时，EPC 核心网需要部署的网元包括 MME、S-GW、P-GW 及 HSS，纯 LTE 接入的系统架构如图 3-1 所示。

在运营商网络中，这几种设备一般是如何部署的呢？首先看 MME，MME 主要负责控制层面信息的处理，为纯信令节点，不需要转发媒体数据，对传输带宽要求较低。MME

与 eNodeB 之间采用 IP 方式连接，不存在传输带宽瓶颈和传输电路调度困难。另外 MME 与 eNodeB 之间本身就是采用“星状”组网模式。因此在实际组网时宜采用集中设置的方式，一般以省为单位设置，并采用大容量 MME 网元节点设置方式，有利于统一管理和维护，并且具有节能减排的优点。如果考虑到网元的备份及冗余，可以引入 MME POOL 保证网络的安全可靠性。

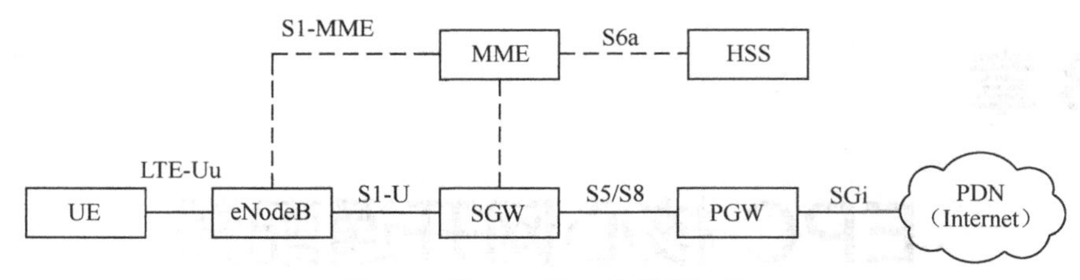

图 3-1 纯 LTE 接入的系统架构

HSS 负责存储用户数据、鉴权管理等，与 HLR 的功能类似，宜采用以省为单位集中设置的方式。

S-GW 主要负责连接 eNode B，以及 eNode B 之间的漫游/切换。P-GW 主要负责连接外部数据网，以及用户 IP 地址管理、内容计费、在 PCRF 的控制下完成策略控制。从媒体流处理上看，S-GW、P-GW 均负责用户媒体流的疏通，所有业务承载均是采用“eNodeB-SGW-PGW”方式，不存在“eNodeB-eNodeB”“SGW-SGW”的业务承载。

S-GW/P-GW 的设置与媒体流的流量和流向相关，应根据业务量及业务类型，选择集中或分散的方式。当业务量较小且不需提供语音类点对点业务、主要的数据业务为“点到服务器”类型时，S-GW/P-GW 连接的互联网出口一般为集中设置，因此 S-GW/P-GW 可采用集中设置的方式。当某些本地网业务量较大或需提供点对点业务时，可将 S-GW/P-GW 下移至本地网，尽量靠近用户，减少路由迂回。建网初期，互联网出口一般以集中设置为主，点对点业务量不大，因此建议采用集中设置的方式。

EPC 网元部署如图 3-2 所示。

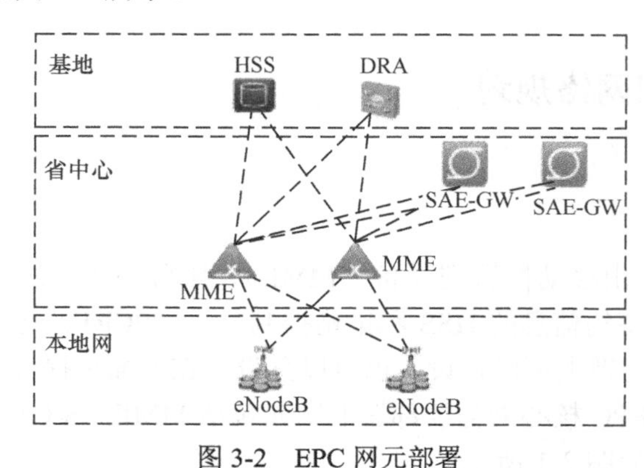

图 3-2 EPC 网元部署

SAE-GW 的设置方式可以分为 S-GW 和 P-GW 的合并设置和分开设置，分析见表 3-1。

表3-1 SAE-GW的设置方式

EPC网元	用户面路由转发	设备信息处理	接入时网元选择		MME Pool内移动时路由
			MME Pool内eNodeB与SGW全互联	MME Pool内eNodeB只与本地SGW连接	
合设	将网间一跳变为设备内一跳，减少数据路由转发时延	S-GW和P-GW的用户面处理和转发可进行优化，进一步提高效率	用户接入时，MME先根据APN选P-GW，再选择与P-GW合设的S-GW，无法就近接入	可保证合设的S-GW和P-GW就近接入	S-GW与P-GW组网方式一致。Pool内移动时，P-GW保持不变，S-GW根据TAI（Tracking Area Identity，追踪区标识）配置决定是否变化
分设	S-GW与P-GW间路由转发通过承载网	必须按标准方式处理S5接口数据及信令	用户接入时，MME先根据APN选P-GW，再根据TAI选择S-GW，由于S-GW与Pool内所有TAI都关联，无法做到就近接入	可保证S-GW和P-GW就近接入	S-GW容量和个数可以与P-GW不同，按LTE覆盖灵活部署。Pool内移动时，S-GW改变，可随时保证就近接入，但P-GW保持不变，数据路由距离与合设场景无区别

SGW与P-GW的合设和分设没有本质的区别，合设时S-GW与P-GW之间通过承载网的路由转变为设置内部的数据处理，减少数据路由转发造成的时延。因此合设具有时延较小、转发效率较高的优点。另外从硬件投资考虑，例如总容量需求为一万个承载，合设方式需要配置一个支持一万个承载的综合SAE-GW，对于独立的S-GW和-PGW方式的情况下，需要配置一个支持一万承载的SGW和一套支持一万承载的PGW，因此合设同时还有利于缩减开支、节能减排等。

因此对于通用数据业务APN，建议S-GW与P-GW合设。随着用户数量的增长以及业务类型的不断丰富，如对于物联网等行业应用APN，可设置专用、独立的P-GW。在现场组网中，根据实际情况采用S-GW和P-GW的合并设置和分开设置的混合应用。

3.1.2 EPC主要接口的组网方案

（1）MME与eNodeB间的互通

LTE无线系统中取消了RNC网元，将其功能分别移至基站eNode B和核心网网元，eNode B将直接与核心网互连，简化了无线系统的结构，但由于EPC采用控制与承载分离的架构，因此在业务处理过程中，eNode B需通过S1接口分别与MME、S-GW互通。eNode B与MME间采用S1接口主要互通控制信令信息，其间的网络组织有两种方案——归属方式和全连接方式，分别如图3-3和图3-4所示。

方案一：归属方式，即每个eNode B固定由一个MME为之服务，点对点互连。

该方案需在MME与其覆盖范围内的eNode B间配置归属关系，通过IP承载网直接互连，这些eNode B将用户发起的业务固定送到归属的MME进行处理。eNode B与MME间配置归属关系的方式有静态耦联和动态耦联两种，其中静态耦联是由MME和eNode B

相互预设对端耦联地址；动态耦联是由 eNode B 预先配置 MME 地址，eNode B 主动发起耦联建链，MME 保存 eNode B 地址。

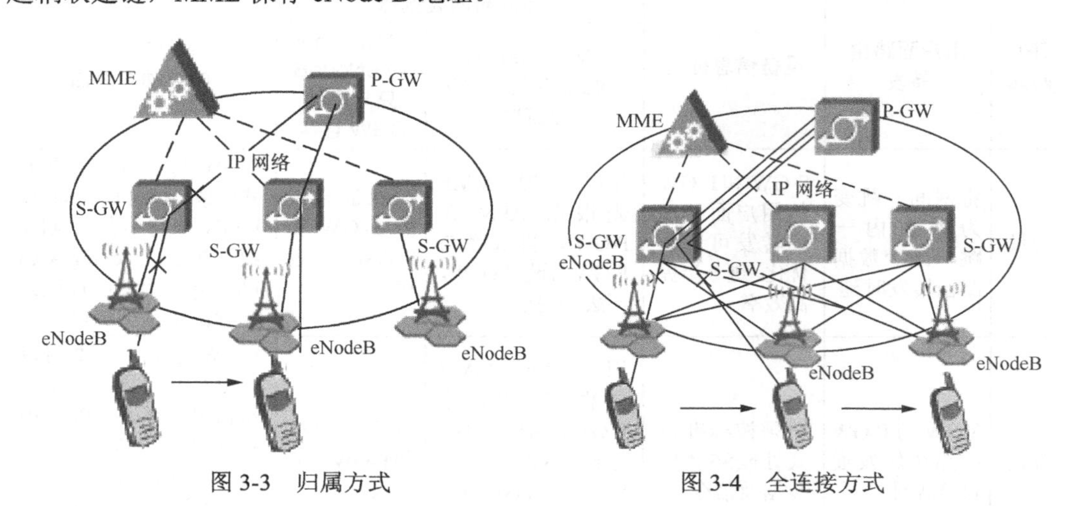

图 3-3　归属方式　　　图 3-4　全连接方式

方案二：全连接方式，即每个 eNode B 的业务由一组 MME 来处理，点对多点互连。

该方案将网络中的多个 MME 组成 Pool，一个 eNode B 可与 MME Pool 中的多个 MME 互连，用户第一次附着在网络时，由 eNode B 负责为用户选择 1 个 MME，同时 MME 为用户分配一个标识（GUTI），来标识其归属的 Pool 及所在 MME，正常情况下，用户在 MME Pool 服务范围内漫游时不再更换为之服务的 MME。

如上所述，方案一中 MME 与 eNode B 间网络组织相对简单，对网元的功能要求较低。该方案安全、可靠性较低，当某一 MME 出现故障时，其覆盖区内 eNode B 接入的业务均会受到影响，网内设有多个 MME 时，不能实现资源共享，会出现不同 MME 的负荷不均衡的情况。方案二由一组 MME 共同处理的业务，具备容灾备份能力，网络安全可靠性较高。在 3GPP 关于 EPC 标准中定义的 MME Pool 与 MSC/SGSN Pool 相比，增加了 MME 向 eNodeB 反馈其负荷状态的机制，由 eNodeB 根据各 MME 对应的负荷权重比例进行选择，可使 Pool 内的 MME 负荷相对均衡，资源利用率高。该方案对 eNode B 及 MME 的功能要求较高，eNodeB 需具备为用户选择服务 MME 的节点选择功能；eNode B 与 MME 间的网络组织相对复杂。因此，从网络可靠性及技术发展角度，建议优选方案二。实际组网时，可将一定区域内（一般以省为单位或省内分区）设置的 MME 组成 Pool，这些 MME 与 Pool 内的 eNode B 通过 IP 承载网互连，eNode B 按预先设定的选择原则与相应 MME 互通。

（2）SGW 与 eNodeB 间的互通

eNodeB 与 S-GW 间采用 S1-U 接口，主要传送用户媒体流及用户发生跨 eNode B 切换时的信息，其间的组网方式也有两种。

方式一：eNode B 与某个（或两个）S-GW 配置归属关系并经 IP 承载网互连，其发起的业务由 MME 直接选择其归属的 S-GW 来疏通，如图 3-5 所示。

方式二：eNode B 与所属区域内的多个 S-GW 均经 IP 承载网互连，无归属关系，其业务由一组 S-GW 负荷分担地疏通，如图 3-6 所示。

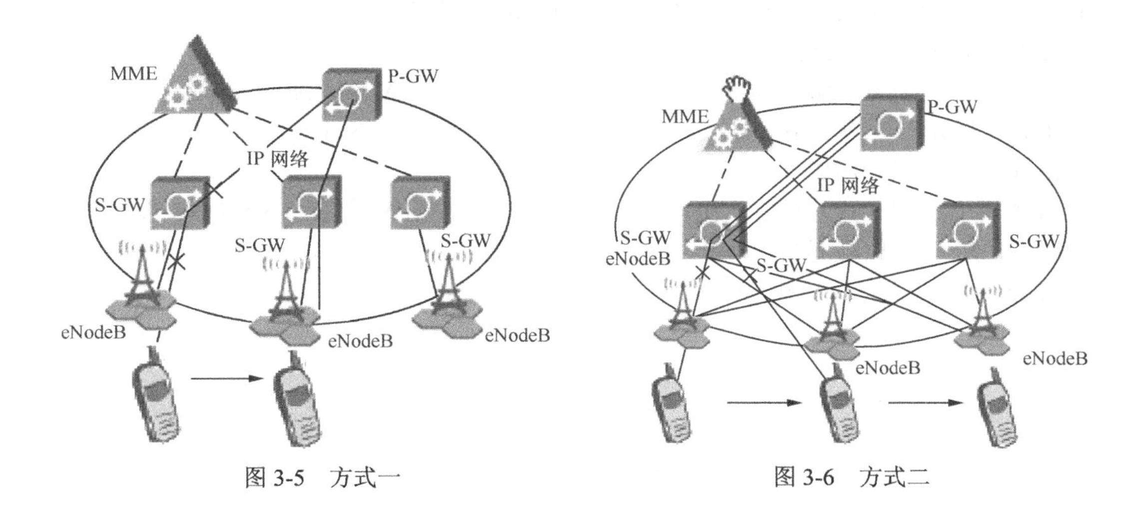

图 3-5　方式一　　　　图 3-6　方式二

方式一的优点是易于规划 eNode B 与 S-GW 间的 IP 电路及配置接口带宽，局数据设置相对简单，对 MME 功能要求较低。其缺点是网络可靠性较低，当某一 S-GW 出现故障时，其服务的所有 eNode B 接入的业务均将受到影响；不同 eNode B 覆盖范围内业务量不均衡时，其归属的 S-GW 的负荷也将出现不均衡的现象，不能有效利用资源；另外，当用户在不同 eNode B 覆盖范围内进行业务切换时，需切换到其他 S-GW 为之服务，增加了信令处理需求。

方式二的优点是网络可靠性高，通过 DNS 和 MME 的数据配置，可以实现 S-GW 的冗灾备份；当用户在一组 S-GW 服务区域内发生跨 eNode B 业务切换时，仍由原 S-GW 服务，可相对减少信令交互；一组 S-GW 采用负荷分担方式工作，可避免服务区域内不同 eNode B 接入业务量不均衡带来的问题，资源利用率高。其缺点是不易于规划 eNode B 与 S-GW 间的 IP 传输电路，接口带宽配置核算相对较难；对 MME 的功能要求较高，需要具备负荷分担选择 S-GW 的功能。

综合上述分析，方式二优势较明显，建议采用。

在实际组网时，当省内 S-GW 集中设置且数量较少时，可将这些 S-GW 设置在同一组内，共同为省内的 eNode B 服务；当 S-GW 集中设置但数量较多时，可根据省内本地网划分、各地 LTE 业务量情况，将 S-GW 分为多个组，每一组分别为所辖区域内的 eNode B 服务；当 S-GW 下放到本地网时，则将同一本地网内的 S-GW 设为群组，只处理所辖本地网内 eNode B 的业务。

（3）MME 间及 MME 与 S/P-GW 的互通

与 2G/3G 的分组域不同，在 LTE 用户附着时，EPC 网络即为 LTE 用户建立 LTE 用户 — eNodeB — S-GW — P-GW 的默认承载，MME 需为 LTE 用户选择 P-GW 和 S-GW。MME 收到用户附着请求或 PDN 连接请求消息后，MME 从该用户在 HSS 的签约信息中获取 APN，向 DNS 获取该 APN 对应的 S-GW 和 P-GW 地址列表，再根据配置的策略选择最优的 S-GW 和 P-GW 组合，为用户建立默认承载。

从上述过程来看，MME 选择 S-GW/P-GW 需根据 DNS 解析的结果来实现，同样

MME 间的选择也需通过 DNS，因此在实际组网时不需特别规划其间的组网方式，只需在 MME、DNS 等节点配置相关数据，网元间经 IP 承载网直接互连。

S-GW 的选择：用户建立 PDN 连接时，MME 根据 TAI 信息通过 DNS 进行选择，如图 3-7 所示。也就是在 DNS 中存储 tac-lb.tac-hb.tac.epc.mnc<MNC>.mcc<MCC>.3gppnetwork.org 与 SGW 地址的对应关系。

P-GW 的选择：用户建立 PDN 连接时，MME 根据 APN 信息，通过 DNS 进行选择，如图 3-8 所示。也就是在 DNS 中存储<APN-NI>.apn.epc.mnc<MNC>.mcc<MCC>.3gppnetwork.org 与 SGW 地址的对应关系。

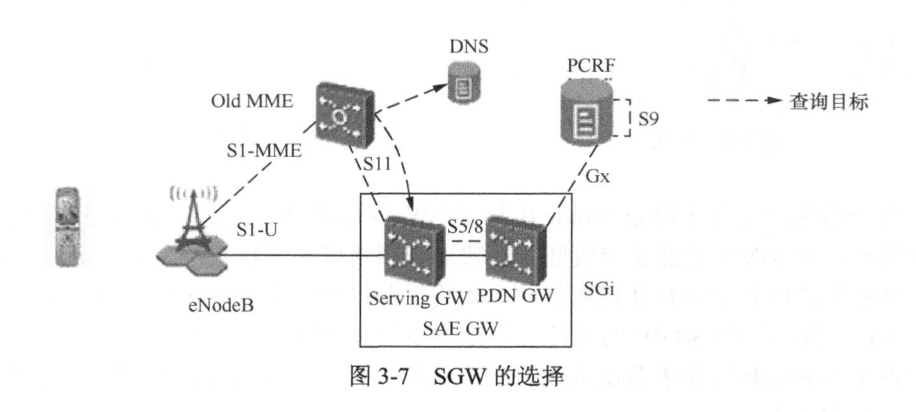

图 3-7　SGW 的选择

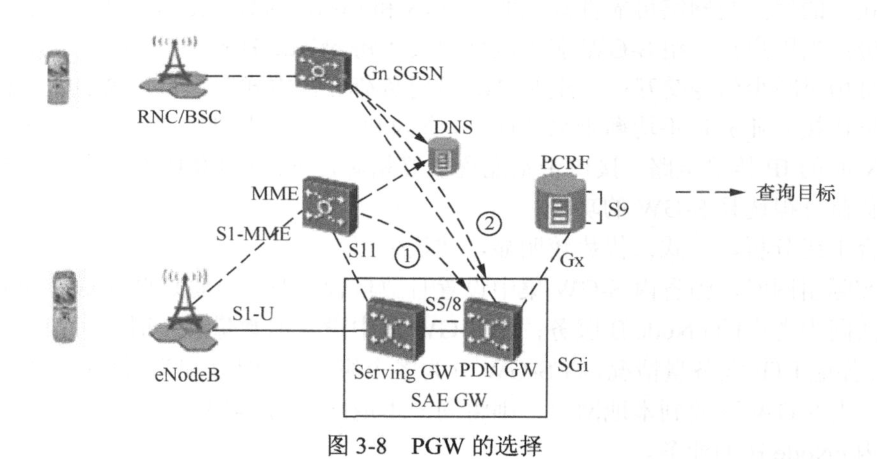

图 3-8　PGW 的选择

（4）MME 与 HSS 的互通

EPC 核心网中 MME 与 HSS 间采用 Diameter 协议互通，底层基于 SCTP 承载，需要静态配置信令连接，上层使用 IMSI 进行路由。为了支持漫游业务，全网大量网元之间需要存在信令全连接关系。对于同一本地网内的 MME 与 HSS 间可采用静态配置数据方式，直接经 IP 承载网互连；对于跨本地网及跨省的 MME 与 HSS 的互通，一般采用 Diameter 中继代理方式。

方案一（见图 3-9）：MME 静态配置 HSS 地址数据；需 MME 配置外地所有 HSS 的

地址（与 LTE IMSI 号码段有对应关系）。对于方案一，MME 与 HSS 间可直接互通信令，信令传送时延较小，服务质量较高，但该方案适合 MME 与 HSS 数量较少、网络规模较小的情况。当 EPC 网络规模比较大、网内 MME 和 HSS 较多时，MME 需配置大量路由数据，且每当网内新增 HSS 时，均需 MME 增加相应的数据，网络维护工作量大，不利于网元的稳定。

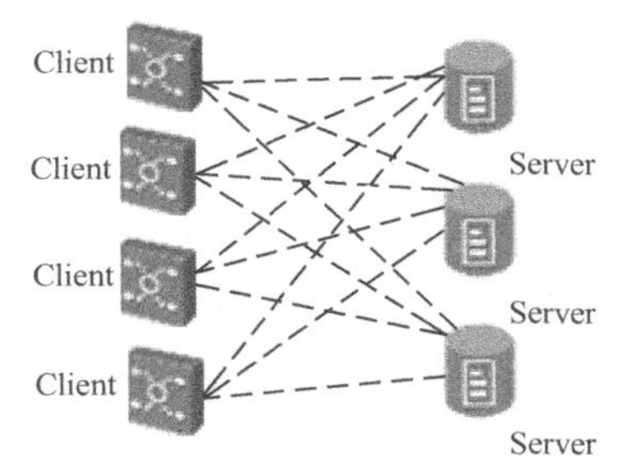

图 3-9　方案一

方案二（见图 3-10）：由 DRA 负责解析相应节点的地址并反馈给 MME，MME 的数据配置相对简单，且 MME 直接与 HSS 进行信令消息的交互，但在跨省寻址时，需要经多个 DRA 进行解析。本方案需经多级 DNS 解析地址，信令传送时延较长；当网络规模较大时，对 DRA 的解析能力要求较高。

方案三（见图 3-11）：Diameter 代理中继类似于七号信令网中的 STP，转接 MME 与 HSS 间的 Diameter 信令，MME 的数据配置也相对简单，HSS、MME 拓扑对外隐藏，安全性高；但 Diameter 信令需经多个节点转接，传送时延较长，且需考虑 Diameter 代理中继的设置和组网问题，在网络规模较小时，设置独立的 Diameter 代理中继服务器不太经济。Diameter 中继代理节点可以全国集中设置、分大区设置或以省为单位设置，具体采用哪种方式，需结合 EPC 网络建设范围和建设规模来选择。

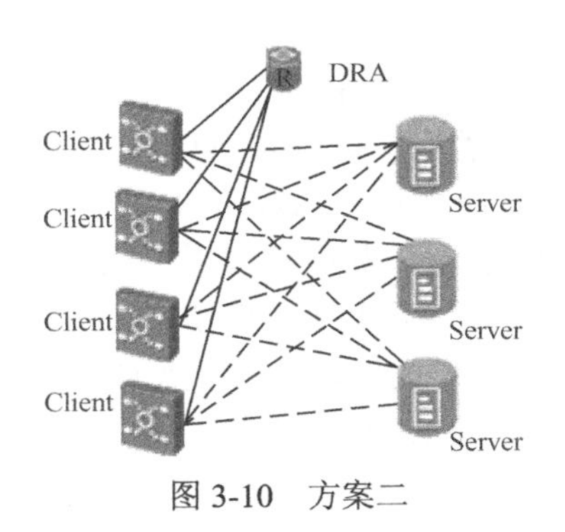

图 3-10　方案二

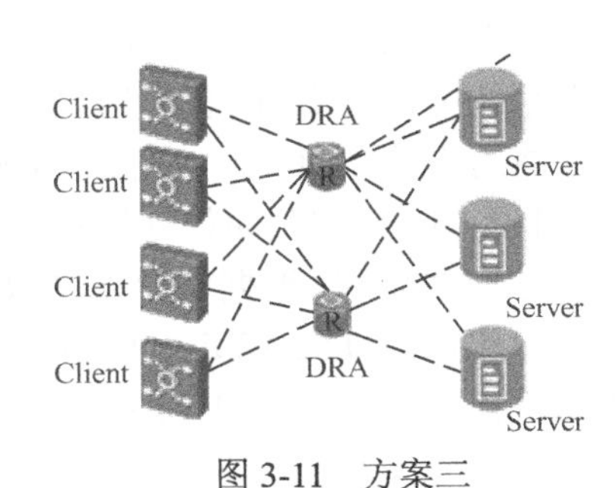

图 3-11　方案三

3.1.3　双平面组网设计

（1）EPC 的网元如 MME 的接口板可以出吉比特电口/光口，如 MME 接口同时连接两个交换的接口实现链路备份，交换机启用层三功能，MME 的下一跳 IP 配置在交换机上。

（2）交换机到 EPC 的网元的前向路由提供 OSPF 路由和静态路由两种方式，同样交换机和各网元之间启动 BFD 检测，配合 OSPF 路由或静态路由一起实现 PDSN 和交换机之间的前向路由备份。

（3）交换机和承载网的路由器或 PTN 之间根据运营商的要求配置静态路由或动态路由实现互通。

组网示意图如图 3-12 所示。

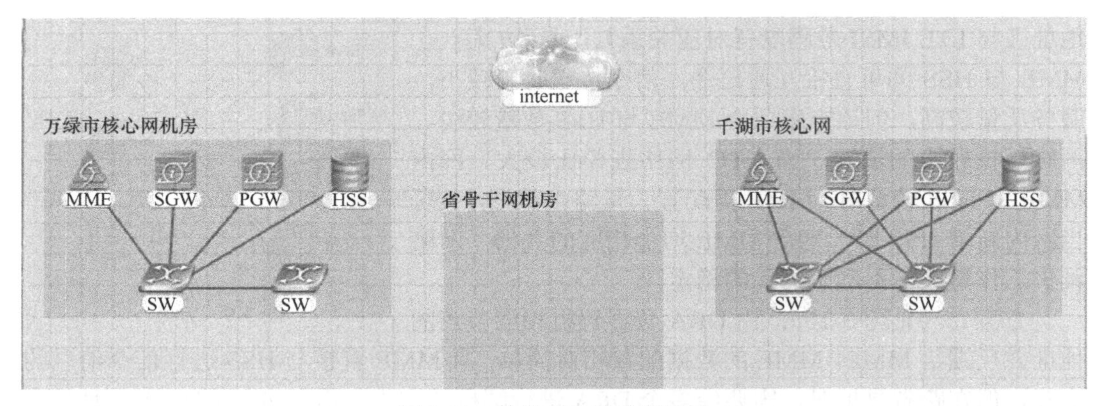

图 3-12 单平面及双平面组网

3.2 EPC 核心网容量规划

EPC 系统中各个网元的功能不同，因此影响各个网元容量的因素以及系统容量的估算方法也各不相同。

3.2.1 MME 容量估算

影响 MME 设备选型的因素有很多，如用户容量、系统吞吐量、交换能力、特殊业务等。下面我们对两个主要因素——用户容量与系统吞吐量进行估算。

在系统中，用 SAU 代表用户容量。SAU 即为附着用户数，4G 总用户数包含 SAU 数与分离用户数之和。一般由于 MME 内存限制，支持的用户总数为 A，在线用户比例为 a，那么 MME 控制面处理模块支持的 SAU 就是 $A\times a$。其中在线用户比例可以通过查询话务模型得到，根据联通现网数据，2G/3G 用户分离后上下文保留 24 小时情况下，在线用户比例为 0.5。LTE 用户因为永久在线，在线用户比例较高，参照 CS（电路域），在线用户比例为 0.8～0.9。因此，SAU 数（万）=本市 4G 总用户数（万）×在线用户比例。

MME 为 EPC 系统中的纯控制网元，因此影响 MME 系统吞吐量只有信令流量。而 MME 处理的吞吐量即为各接口信令流量之和，MME 信令接口包括 S1-MME 接口、S11 接口及 S6a 接口。

各接口流量包括各种流程的信令消息的总流量，例如，经过 S1-MME 接口的信令消息包括附着、去附着、激活承载上下文、去激活承载上下文、修改承载上下文等信令消息，在现网对各接口的控制面吞吐量进行精密计算，其数值为：Σ根据话务模型计算的各个流程的每秒并发数×每个流程经该接口的消息对数×每个消息的平均大小。其中各流程的每秒并发数参照“MME 话务模型”如图 3-13 所示。

为了简化估算过程，在“4G 全网仿真软件”中对话务模型进行了简化（见图 3-14），根据外场测算经验值给出 S1-MME 接口、S11 接口及 S6a 接口的每用户忙时单方向的平均信令流量的最大值。某接口的信令流量=某接口的每用户平均信令流量×用户数。

流程	单位	值
Attaches	events/peak SAU @ BH	0.3
Detaches	events/peak SAU @ BH	0.3
Average number of bearer context per SAU		2
Dedicated EPS bearer context activation	events/peak SAU @ BH	1.25
Dedicated EPS bearer context deactivation	events/peak SAU @ BH	1.25
EPS bearer cornext modification	events/peak SAU @ BH	0.07
S1 connect	events/peak SAU @ BH	6
S1 release	events/peak SAU @ BH	7
TAU Intra MME	events/peak SAU @ BH	2.7
TAU Inter MME	events/peak SAU @ BH	1.3
TAU periodic	events/peak SAU @ BH	0.3
TAU Inter RAT	events/peak SAU @ BH	1.2
pagings	events/peak SAU @ BH	2.2
HO X2	events/peak SAU @ BH	3
HO Intra MME	events/peak SAU @ BH	0.5
HO Inter MME	events/peak SAU @ BH	0.2
CSFB	events/peak SAU @ BH	0.5

图 3-13　MME 话务模型

流程	单位	值
在线用户比		2
S1-MME 接口每用户忙时平均信令流量	kbit/s	
S11 接口每用户忙时平均信令流量	kbit/s	
S6a 接口每用户忙时平均信令流量	kbit/s	

图 3-14　简化的 MME 话务模型

基于以上经验值，对各接口的信令流量进行估算方法如下。

S1-MME 接口信令流量（Gbit/s）= S1-MME 接口每用户平均信令流量（kbit/s）×SAU 数（万）×10 000/1 024/1 024

S11 接口信令流量（Gbit/s）=S11 接口每用户平均信令流量（kbit/s）×SAU 数（万）×10 000/1 024/1 024

S6a 接口信令流量（Gbit/s）= S6a 接口每用户平均信令流量（kbit/s）×SAU 数（万）×10 000/1 024/1 024

MME 处理的吞吐量即为各接口信令流量之和，MME 信令接口包括 S1-MME 接口、S11 接口及 S6a 接口。因此，系统信令吞吐量（Gbit/s）=S1-MME 接口信令流量（Gbit/s）+S11 接口信令流量（Gbit/s）+S6a 接口信令流量（Gbit/s）。

3.2.2　SGW 容量估算

SGW 设备容量主要由 SGW 支持的 EPS 承载上下文数、系统业务处理能力以及系统吞吐量决定，同样话务模型对系能参数影响也较大，如图 3-15 所示。

首先看估算 EPS 承载上下文数的计算方法，EPS 承载上下文数即为系统接入用户的总激活的承载数量，是影响 SGW 处理能力的指标之一。LTE 用户是“永久在线”，也就是 LTE 接入用户附着网络后，根据业务需求以及签约信息会建立至少一条默认承载或多条专用承载。因此，EPS 承载上下文数（万）= SAU 数（万）/附着激活比。

对于 SGW，还需要估算 SGW 系统处理能力，SGW 系统处理能力即 SGW 系统处理的所有流量，包括 S1-U 上下行业务流量之和。因此，系统处理能力（Gbit/s）=单用户忙时业务平均吞吐量（kbit/s）×SAU 数（万）×10 000/1 024/1 024。

最后，还要估算一下 SGW 系统吞吐量，SGW 系统吞吐量取 SGW 入流量和 SGW 出流量两者中的大值，即 SGW 系统吞吐量=Max（SGW 进流量，SGW 出流量）。如图 3-16 所示，SGW 的入流量是 S1-U 上行流量加 S5 的下行流量，SGW 的出流量为 S1-U 的下行流量加 S5 的上行流量。

模型参数	单位	取值举例
附着激活比		1/2
每用户平均吞吐量	kbit/s	150
平均报文长度	Bytes	500

图 3-15　SGW 话务模型

图 3-16　SGW 的接口流量

在纯 4G 接入情景下，SGW 的数据接口包括 S1-U 和 S5 接口。考虑 S1-U 接口和 S5 接口均采用 GTP 封装，开销长度为 62 byte，以典型包大小为 500 byte，可以认为 S1-U 上行接口流量等同于 S5 上行接口流量，同理 S1-U 下行接口流量等同于 S5 上行接口流量。因此

SGW 接口进/出流量=1/2（S1-U 接口流量+S5 接口流量）

接下来进行 S1-U 接口流量的估算，S1-U 接口采用 GTP 协议进行封装，考虑到 S1-U 的包头长度为 62 byte，如下所列。

GTP　　8 byte
UDP　　8 byte
IP　　20 byte
Ethernet　　26 byte
总开销　　62 byte

这样，S1-U 接口流量（Gbit/s）=单用户忙时业务平均吞吐量（kbit/s）×SAU 数（万）×（62+500）/500×10 000/1 024/1 024。

由于 S5 接口包括 GTPC 信令和 GTPU 报文，因此理论上 S5 接口的流量需要包括信令流量和用户面流量，但是考虑信令流量远小于用户面流量，S5 接口流量计算仅考虑用户面流量即可。在纯 LTE 接入情况下

S5 上行接口流量=S1-U 上行接口流量

S5 下行接口流量=S1-U 下行接口流量

S5 接口流量（Gbit/s）= 单用户忙时业务平均吞吐量（kbit/s）×SAU 数（万）×（62+500）/500×10 000/1 024/1 024

结合以上计算过程，SGW 的系统吞吐量，即

SGW 接口进/出流量=1/2（S1-U 接口流量+S5 接口流量）

=单用户忙时业务平均吞吐量（kbit/s）×SAU 数（万）×（62+500）/500×10 000/1 024/1 024

3.2.3　PGW 容量估算

PGW 容量的规划主要考虑 PGW 需要支持的 EPS 上下文、系统业务处理能力以及系

统吞吐量。

步骤一，估算 EPS 承载上下文数。

EPS 承载上下文数即为系统接入用户的总激活的承载数量，是影响 PGW 处理能力的指标之一。

EPS 承载上下文数（万）= SAU 数（万）/附着激活比

步骤二，估算 SGW 系统处理能力。

SGW 系统处理能力即 PGW 系统处理的所有流量，包括 S1-U 上下行业务流量之和。

系统处理能力（Gbit/s）=单用户忙时业务平均吞吐量（kbit/s）×SAU 数（万）×10 000/1 024/1 024

步骤三，估算 PGW 系统吞吐量。

在纯 4G 接入情景下，PGW 的数据接口包括 S5 和 SGi。SGi 接口一般考虑以太网接口封装，包头开销为 26 byte。经统计计算 PGW 进流量约等于出流量，因此

PGW 系统吞吐量=1/2（S5 接口流量+SGi 接口流量）

S5 接口流量（Gbit/s）=单用户忙时业务平均吞吐量（kbit/s）× SAU 数（万）×（62+500）/500 × 10 000/1 024/1 024

SGi 接口流量（Gbit/s）=单用户忙时业务平均吞吐量（kbit/s）× SAU 数（万）×（26+500）/500 × 10 000/1 024/1 024

PGW 系统吞吐量（Gbit/s）=(S5 接口流量+SGi 接口流量) × 1/2 =（单用户忙时业务平均吞吐量（kbit/s）× SAU 数（万）×（62+500）/500 × 10 000/1 024/1 024+单用户忙时业务平均吞吐量（kbit/s）× SAU 数（万）×（26+500）/500 × 10 000/1 024/1 024）× 1/2

3.3 EPC 核心网组网规划

3.3.1 EPC 网元硬件概述

在“4G 全网规划部署”软件的设备配置模块中，需要对机房进行硬件配置。在软件要求的纯 LTE 接入场景下，需要部署 MME、SGW、PGW 及 HSS 四种设备类型。

主流厂商设备的硬件架构为机架—机框—单板，如图 3-17 所示。

每种类型根据系统处理能力的不同分为大型、中型及小型三种型号。如 MME 可以提供大型 MME、中型 MME 及小型 MME，设备型号的选择取决于系统容量的估算。

目前主流厂商的硬件产品通常都支持以下硬件特性：

（1）所有的硬件板卡均能实现 1:1 的冗余；

（2）所有硬件组件均可以实现热插拔；

（3）实现业务面和底层的处理分离，由不同的专用硬件板卡实现；

（4）支持网管接口。

图 3-17　EPC 的主要设备硬件架构

3.3.2　MME 物理连接及地址规划

在 4G 全网仿真软件中，为了方便理解，我们以最小的硬件配置为例进行介绍。比如为了使 MME 能够进行正常的工作，一个 MME 可能会配置多个机框，机框可能会包含多种类型的板卡，在软件中笼统分成了物理接口板卡以及业务处理板卡，如图 3-18 所示。不同厂商可能还会有交换板、操作维护板、业务处理板等。

图 3-18　MME 板位示例图

如图 3-19 所示，MME 提供一对或多对接口板提供物理接口。在实际现网环境中，为便于维护和业务逻辑清晰，S1-MME 和 S6a 采用物理分离方式组网，S10/S11 合用两个 GE 口。

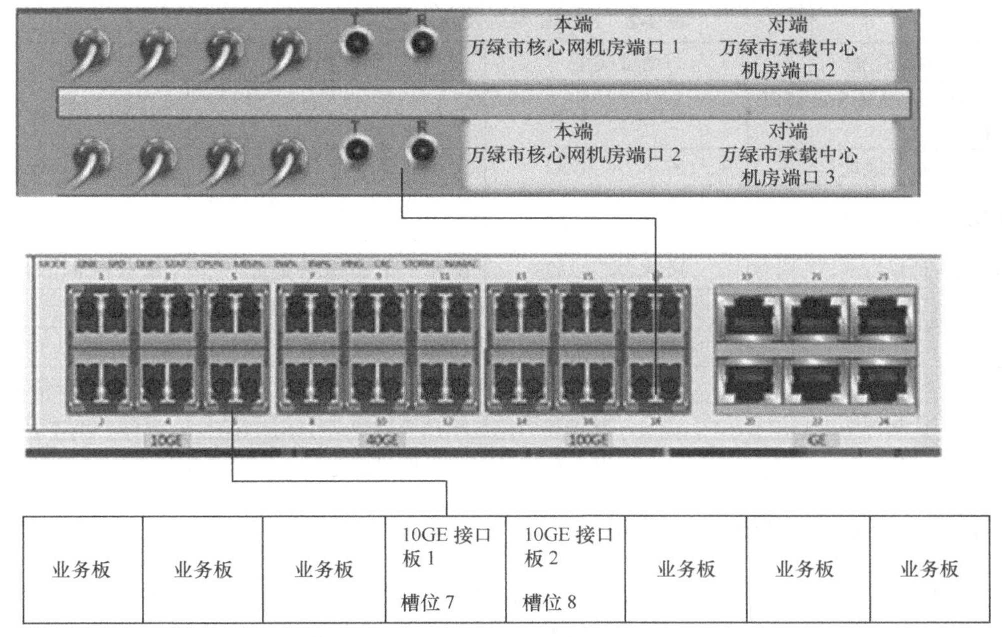

图 3-19　MME 物理连接示意图

接口地址分配原则：MME 的接口地址不能在相同网段，不同物理接口和 VLAN 子接口必须分配不同网段的接口地址。

接口工作方式原则：MME 支持接口负荷分担和主备，优选接口负荷分担方式。在接口负荷分担方式下，各业务接口最好对应启用 OSPF，也可启用静态路由。在接口主备方式下，通常启用静态路由，此时如果对接的是 CE/层三交换机，能支持 BFD。

在本仿真软件中，MME 通过连接三层交换机，使用静态路由对接承载网的路由器。同时 MME 支持接口主备，保证连接的可靠性。在这种简单组网下，S1-MME、S6a、S10/S11 共用两个 GE 口，这两个 GE 口分别位于 MME 的两块接口单板上，两个专用接口工作在接口主备方式下，通过浮动静态路由实现两条链路负荷分担组网。以 S1-MME 接口为例，需要在 MME 上配置两条浮动静态路由，目的地为 eNodeB 的地址，下一跳分别指向路由器的两个接口上，其他接口同理。

MME 的 IP 地址分成两类。MME 地址及路由规划见表 3-2 的示例。

（1）MME 接口地址

根据实际使用的物理接口配置接口地址，完成到外部网络的路由及保温转发，IP 网络的下一跳通常为站点路由器/交换机，所需要的 IP 地址网络掩码至少是 30 位，以保障至少有两个可用的 IP 地址来完成 MME 与站点路由器/交换机之间的点到点的通信。MME 的多个接口地址不能在同一网段。

（2）MME 业务地址

此类地址完成的是和远端节点应用层端到端的通信，例如 MME 和 SGW 远端的 S11 接口的通信。业务 IP 地址一般驻留在后台的业务处理板上，由于是端到端的高层通信，因此业务 IP 地址一般采用 32 位的网络掩码。根据需要规划一个或多个 Sigtran 地址用于 S1-MME 接口，一个 Sigtran 用于 S6a 接口，全局共享一个 GTPC 地址用于 S10/S11 接口。

表 3-2 MME 地址及路由规划示例

地址用途	地址类型	网段数量	注释
S10/S11/S1-MME/S6a 接口地址	×.×.×.×/30	2 个	共用 2 个 GE 口
S10/S11 业务地址	×.×.×.×/32	全局共享一个 GTPC 地址	配置在 loopback
S1-MME 业务地址	×.×.×.×/32	配置 1 或多个 Sigtran 地址用于 S1-MME	配置在 loopback
S6a 业务地址	×.×.×.×/32	配置 1 个 Sigtran 地址	配置在 loopback
路由规划示例			
业务	路由协议		注释
S10/S11	静态路由（与数据侧协商）		浮动静态路由
S1-MME	静态路由（与数据侧协商）		浮动静态路由
S6a	静态路由（与数据侧协商）		浮动静态路由

3.3.3 SGW 物理连接及地址规划

在业务量比较大的现网环境中，SGW 是用户面处理网元。S5/S8 流量较大，建议规划在单独的物理端口上。S1-U 是面向 eNodeB 的业务，流量较大，建议使用单独的接口承载 S1-U 流量。为了区分控制与业务消息，S11 等控制接口单独使用物理端口。同时，为了提高数据安全性，会将不同的业务划分到不同的 VRF 中实现业务隔离。

在本仿真软件中，SGW 通过连接三层交换机，使用静态路由对接承载网的路由器。这种组网相对简单，SGW 接口数量有限，可以将 S5/S8、S1-U、S11 合用物理接口。与 MME 类似，为了实现双网双平面的链路备份，以上所有接口占用两个物理端口，同时启用静态路由，以 S1-U 接口为例，需要在 SGW 上配置两条浮动静态路由，目的地为 eNodeB 的地址，下一跳分别指向路由器的两个接口上，其他接口同理。SGW 地址及路由规划见表 3-3 的示例。

接口地址：根据实际使用的物理接口配置接口地址，SGW 的多个接口地址不能在同一网段。

业务地址：GTP 业务包括 S5/S8、S11，建议配置不同的两个 GTP 地址，一个用于 S5/S8，另一个用于 S11。SGW 与 eNB 之间的 S1-U 接口，规划一个 S1-U 的业务地址用于与 eNB 互通。

表 3-3 SGW 地址及路由规划示例

地址用途	地址类型	网段数量	注释
S5/S8/S11/S1-U 接口地址	×.×.×.×/30	每个 S5/S8 物理口配置 1 个	S5/S8 独享物理接口
GTP 业务地址	×.×.×.×/32	配置 2 个 GTP 地址，一个用于 S5/S8，另一个用于 S11	配置在 loopback
S1-U 业务地址	×.×.×.×/32	配置 1 个 S1-U 地址	配置在 loopback
路由规划示例			
业务	路由协议		注释
S5/S8、S4、S11、S12	选静态路由（与数据侧协商）		浮动静态路由
S1-U	选静态路由（与数据侧协商）		浮动静态路由

3.3.4　PGW 物理连接及地址规划

在业务量比较大的现网环境中，PGW 是用户面处理网元。S5/S8 和 SGi 流量都较大，S5/S8、SGi 流量采用物理分离方式组网，即规划在单独的物理端口上。同时，为了提高数据的安全性，会将不同的业务划分到不同的 VRF 中实现业务隔离。

在本仿真软件中，暂不考虑 SGi 接口。PGW 通过连接三层交换机，使用静态路由对接承载网的路由器。考虑到链路备份，S5/S8 单独规划两个物理接口，同时启用静态路由。需要在 PGW 上配置两条浮动静态路由，目的地为 SGW S5/S8 业务地址，下一跳分别指向承载网路由器的两个接口上。PGW 地址及路由规划见表 3-4 的示例。

接口地址：根据实际使用的物理接口配置接口地址，PGW 的多个接口地址不能在同网段。

业务地址：GTP 业务仅包括 S5/S8，建议配置 1 个 GTP 地址即可。

表 3-4　PGW 地址及路由规划示例

地址用途	地址类型	网段数量	注释
S5/S8 接口地址	×.×.×.×/30	每个 S5/S8 物理口配置 1 个	S5/S8 独享物理接口
S5/S8 业务地址	×.×.×.×/32	一个 S5/S8 GTP 地址	配置在 loopback
路由规划示例			
业务	路由协议		注释
S5/S8	选静态路由（与数据侧协商）		浮动静态路由

3.3.5　HSS 物理连接及地址规划

在本仿真软件中，HSS 通过连接三层交换机，使用静态路由对接承载网的路由器。考虑到链路备份，HSS 单独规划两个物理接口，同时启用静态路由。需要在 HSS 上配置两条浮动静态路由，目的地为 MME S6a 接口的 Sigtran 业务地址，下一跳分别指向承载网路由器的两个接口上。HSS 地址及路由规划见表 3-5 的示例。

接口地址：根据实际使用的物理接口配置接口地址，HSS 的多个接口地址不能在同网段。

业务地址：与 MME 侧相对应，建议配置 1 个 Sigtran 地址即可。

表 3-5　HSS 地址及路由规划示例

地址用途	地址类型	网段数量	注释
S6a 接口地址	×.×.×.×/30	每个 S6a 物理口配置 1 个	S6a 独享物理接口
S6a 业务地址	×.×.×.×/32	一个 S6a 的 Sigtran 地址	配置在 loopback
路由规划示例			
业务	路由协议		注释
S6a	选静态路由（与数据侧协商）		浮动静态路由

3.4　EPC 核心网设备开通配置

本节中，以 EPC 中各网元能完成最基本的 4G 上网业务所需的最小配置为切入点，基于“4G 全网仿真软件”介绍 MME、SGW、PGW 及 HSS 的开通配置过程。

3.4.1　MME 开通配置

3.4.1.1　MME 配置概述

登录 4G 全网 APP 的客户端，打开数据配置模块，选择核心网对应的机房，可以看到数据配置界面如图 3-20 所示。

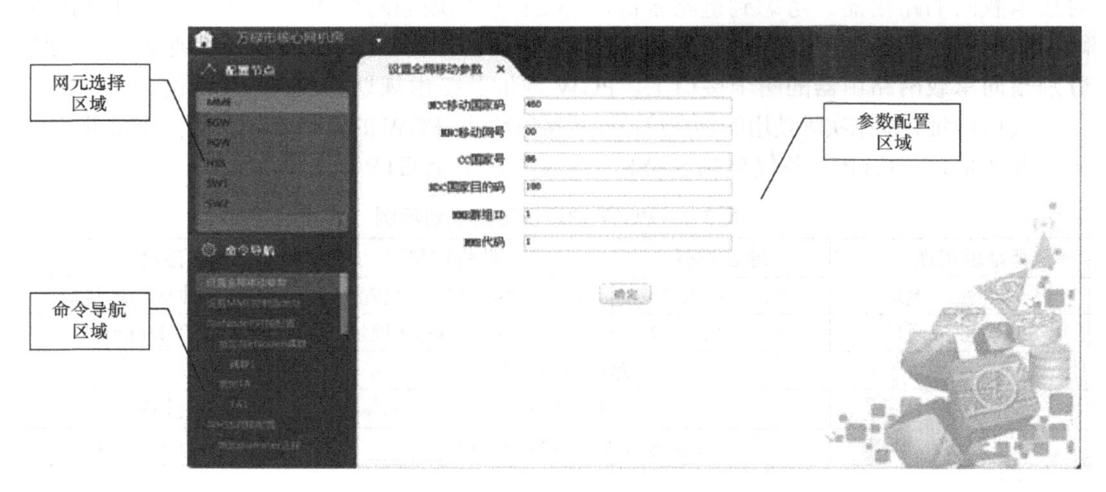

图 3-20　数据配置的界面

其中，

网元选择区域，此区域用于进行网元类别的选择及切换，网元改变，相应的命令导航随之改变。

命令导航区域，提供按树状显示命令路径的功能，点击相应命令进行该命令的参数配置。

参数配置区域，显示命令和参数，同时也提供参数输入及修改功能。

在进行数据配置之前，需要根据业务规划完成 MME 的硬件连线，并进行 IP 地址的规划及路由规划。

为完成 MME 的数据配置，分为四个步骤，分别是本局数据配置、网元对接配置、基本会话配置及接口地址及路由配置，如表 3-6 所示。

表 3-6　MME 数据配置流程

开通流程	说明	配置命令
本局数据配置	MME 网元作为交换网络的一个交换节点存在，必须和网络中其他节点配合才能完成网络交换功能，因此需针对交换局不同情况，配置各自的局数据。本局数据配置主要包括本局信令面、本局移动数据	设置全局移动参数 设置 MME 控制面地址
网元对接配置	网元对接配置主要是配置 MME 与 eNodeB、HSS、SGW、其他 MME 之间的对接参数配置	与 eNodeB 对接配置 • 增加与 eNodeB 偶联 • 增加 TA 与 HSS 对接配置 与 SGW 对接配置

续表

开通流程	说明	配置命令
基本会话配置	基本会话配置主要配置系统中相关业务需要的解析配置，包括 APN 解析、EPC 地址解析和 MME 地址解析	基本会话配置 • APN 解析配置 • EPC 地址解析配置 • MME 地址解析配置
接口地址及路由配置	地址及路由配置主要是配置各个接口上的 IP 地址以及静态路由	接口 IP 配置 路由配置

接下来按照 MME 最小配置，介绍具体的配置步骤及配置方法。

3.4.1.2　MME 本局数据配置

设置全局移动参数需要根据规划配置本局移动数据，包括国家号、MME 组 ID 号、国家目的码、移动国家码、移动网号等信息。 各个参数的含义如表 3-7 所示。

表 3-7　本局移动数据参数说明

参数名称	参数说明	取值举例
移动国家码	根据实际填写，如中国的移动国家码为 460	460
移动网号	根据运营商的实际情况填写	01
国家码	根据实际填写，如中国的国家码为 86	86
国家目的码	根据运营商的实际情况填写	133
MME 群组 ID	在网络中标识一个 MME 群组，MME 组 ID 规划需要全网唯一，非 Pool 组网的各个 MME 网元的 MMEGI 不可重复	1
MME 代码	MME 代码，在 Group 中能唯一标识一个 MME，根据网络规划确定。当与和 2G/3G 存在映射关系时，需要基于现网 SGSN 的 NRI 值进行规划，本仿真软件是基于纯 LTE 接入，无需考虑	1

在 4G 全网仿真软件中，配置路径为“数据配置-核心网机房-MME-设置全局移动参数”，根据以上数据规划，配置全局移动参数如图 3-21 所示。

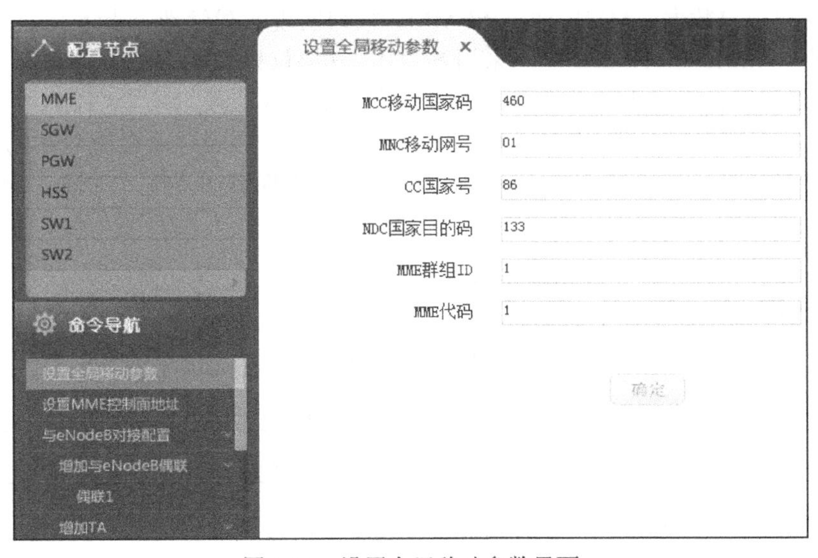

图 3-21　设置全局移动参数界面

MME 控制面地址参数即网元的信令面地址，配置 MME 的控制面地址是配置 MME 与 SGW 连接时的 S11 口控制面地址，通过此地址寻址到 SGW 的控制面地址，完成 S11 口控制面信令流的接通。其次，这个地址也用于 MME 之间寻址，即在其他 MME 上进行 MME 地址解析时也填写这个地址，默认掩码为 255.255.255.255。

假设根据规划，MME 控制面地址为 217.79.130.166/32，设置 MME 控制面地址如图 3-22 所示。

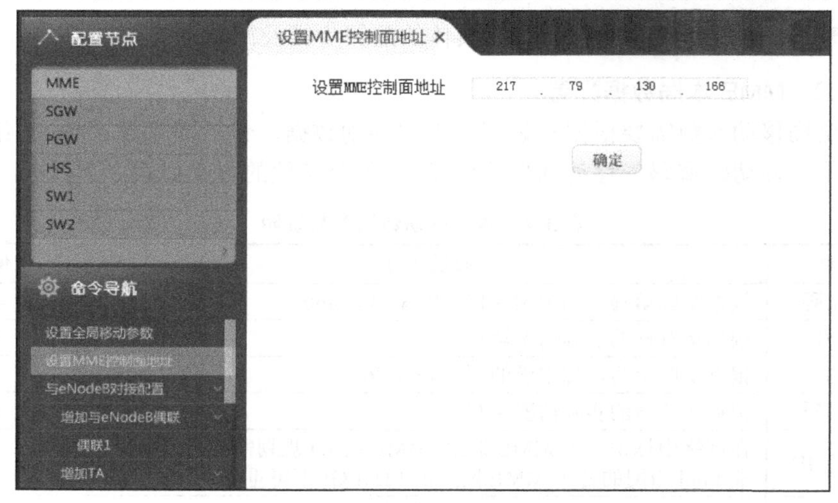

图 3-22　设置 MME 控制面地址

3.4.1.3　MME 网元对接配置

（1）MME 与 eNodeB 对接配置

MME 通过 SI-MME 接口与 eNodeB 连接。SI-MME 接口用来传送 MME 和 eNodeB 之间的信令和用户数据。MME 通过 SI-MME 接口实现承载管理、上下文管理、切换、寻呼等功能。MME 与 eNodeB 之间采用 SCTP，其协议栈如图 3-23 所示。

MME 通过静态偶联和动态偶联两种方式与 eNodeB 连接。

方式一：静态偶联是指 MME 和 eNodeB 在上电前，各自静态配置对端的偶联地址，上电底层建立链路后，通过 S1-setup 消息交互建立 S1 控制面连接，如图 3-24 所示。

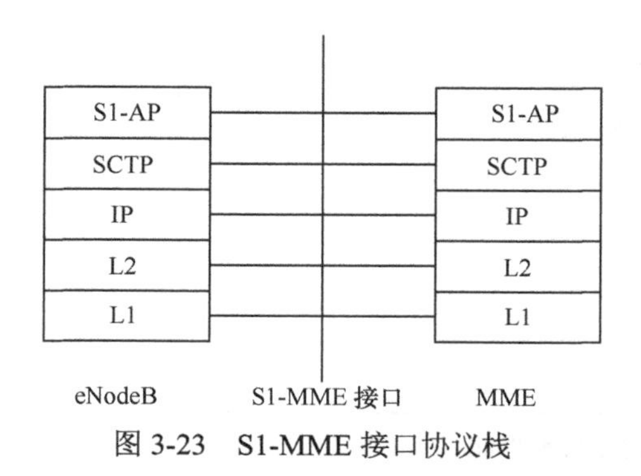

图 3-23　S1-MME 接口协议栈

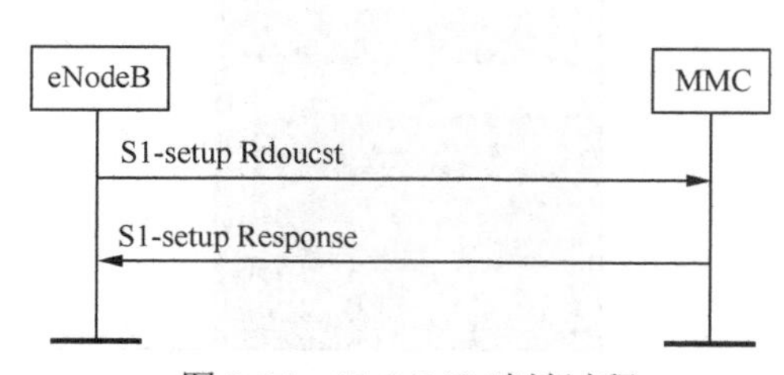

图 3-24　S1-MME 建链过程

方式二：动态偶联。eNodeB 预先配置 MME 地址，MME 不需要配置 eNodeB 的地址。eNodeB 上电时主动发起偶联建链，MME 保存 eNodeB 地址。

本仿真软件中采用的是方式一：静态偶联方式。

MME 与 eNodeB 对接包括两个步骤，如表 3-8 所列。在进行数据配置之前，需要对 MME 与 eNodeB 对接的相关数据规划，数据划示例参见表 3-9。

表 3-8　MME 与 eNodeB 对接步骤

步骤	操作	操作说明
1	增加与 eNodeB 偶联	MME 配置偶联别名、SCTP 标识、本端 IP 地址和端口、对端 IP 地址和端口。当 MME 与多个 eNodeB 对接时，可以增加多条偶联
2	增加 TA	MME 按照跟踪区对用户进行移动性管理，需要在 MME 中配置 eNodeB 关联的跟踪区域

步骤一，增加与 eNodeB 的偶联。

配置与 eNodeB 间的偶联需要的参数如表 3-9 所列。

表 3-9　MME 与 eNodeB 对接参数说明

参数名称	说明	取值举例
SCTP 标识	用于标识偶联，增加多条时不可重复	1
本地偶联 IP	MME 端的偶联地址，该 IP 用于与远端 eNodeB 建立 SCTP 偶联的端点地址	10.102.214.1
本地偶联端口号	MME 端的端口号	5
对端偶联 IP	eNodeB 端的偶联地址，需要与 eNodeB 侧协商一致	10.101.210.1
对端偶联端口号	eNodeB 端的端口号，与 eNodeB 侧协商一致	6
应用属性	与对端相反，一般 MME 作为服务器商	服务器

根据表 3-9 对接参数的规划，配置与 eNodeB 偶联如图 3-25 所示。

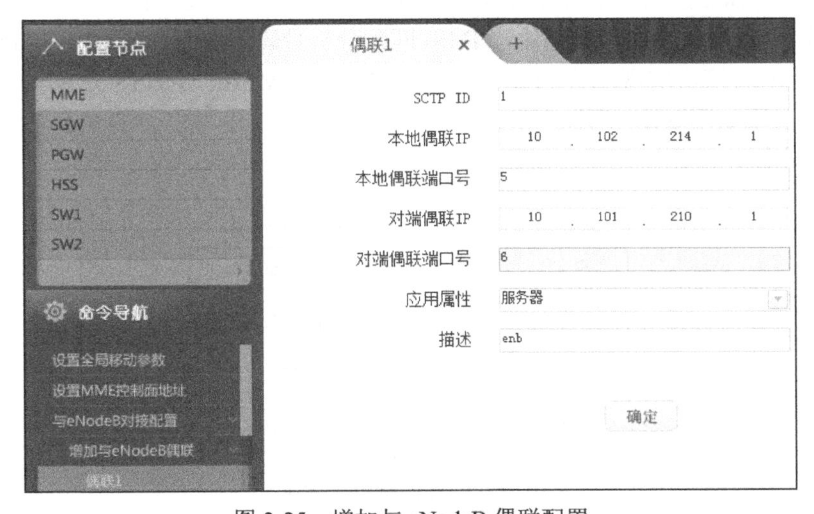

图 3-25　增加与 eNodeB 偶联配置

步骤二，增加 TA。

增加 TA 所需要的参数及说明如表 3-10 所示。

表 3-10　增加 TA 参数说明

参数名称	说明	取值举例
TAID	跟踪区标识，用于标识一个跟踪区	1
MCC	根据实际填写	460
MNC	根据实际填写	01
TAC	跟踪区编码，与无线规划保持一致，增加 MME 覆盖的所有 TAC。TAC 为 4 位 16 进制数	1A1B

根据表 3-10 中参数规划举例，增加 TA 配置如图 3-26 所示。

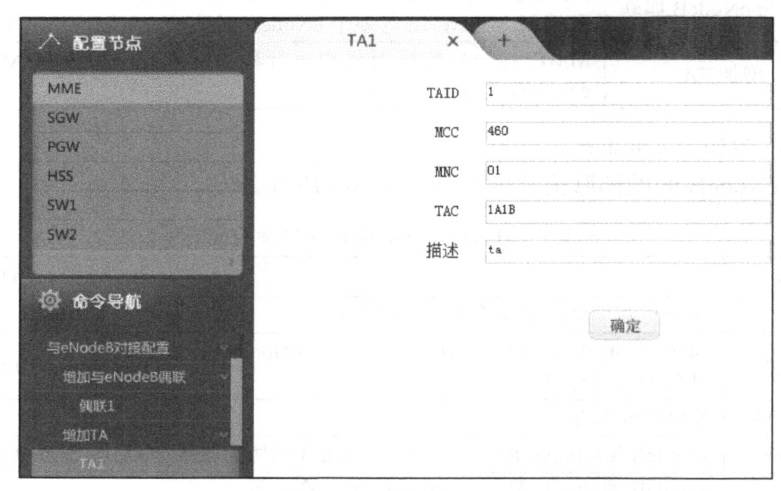

图 3-26　增加 TA 配置

（2）MME 与 HSS 对接配置

MME 通过 S6a 接口与 HSS 连接，实现位置更新、用户数据管理、鉴权信息获取、HSS 重置等功能。MME 可以根据用户 IMSI 匹配分析号码，从而寻址到用户归属的 HSS，建立 Diameter 连接，实现用户的鉴权、授权等功能。MME 与 HSS 之间采用 Diameter 协议，其协议栈如图 3-27 所示。

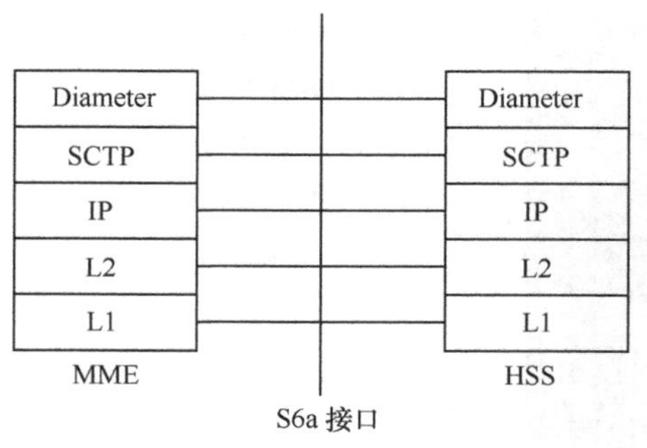

图 3-27　S6a 接口协议栈

在配置数据之前，应当完成 MME 与 HSS 对接的相关数据规划，数据规划示例参见表 3-11。

表 3-11　MME 与 HSS 对接参数说明

参数名称	说明	取值举例
SCTP 标识	用于标识偶联	1
Diameter 偶联本端 IP	MME 端的偶联地址	217.79.130.162
Diameter 偶联本端端口号	MME 端的端口号	1
Diameter 偶联对端 IP	对端的偶联地址，与 HSS 侧协商一致	217.79.130.170
Diameter 偶联对端端口号	对端的端口号，与 HSS 侧协商一致	2
Diameter 偶联应用属性	与对端相反，一般 MME 作为客户端	客户端
本端主机名	MME 节点主机名	mme.cnnet.cn
本端域名	MME 节点域名	cnnet.cn
对端主机名	HSS 节点主机名	hss.cnnet.cn
对端域名	HSS 节点域名	cnnet.cn
分析号码	可以是一个 IMSI，也可以填写 IMSI 前缀	460021234

根据规划，配置 MME 与 HSS 对接配置如图 3-28 所示。

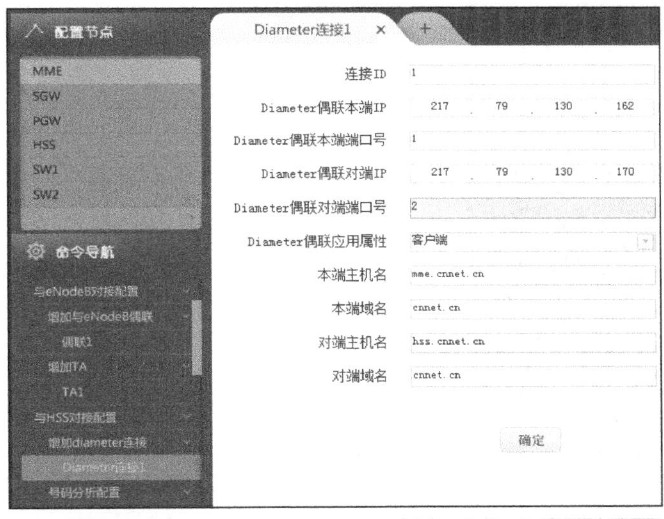

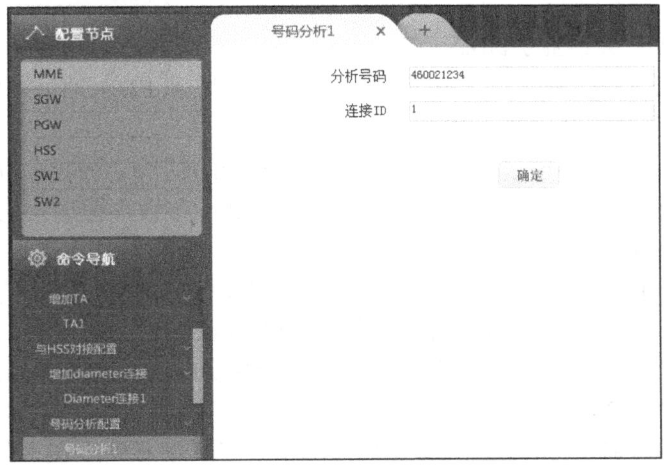

图 3-28　MME 与 HSS 对接配置示例

（3）MME 与 SGW 对接配置

MME 通过 S11 接口与 SGW 连接，实现基本会话业务。ZXUN uMAC-MME 与 SGW 之间采用 GTP 协议，其协议栈如图 3-29 所示。

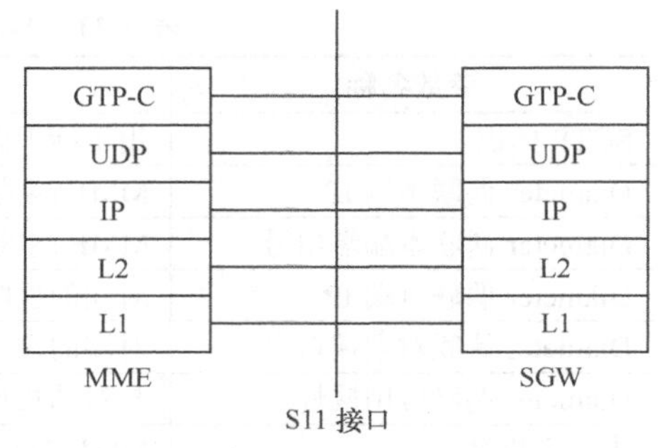

图 3-29　S11 接口协议栈

MME 通过控制面地址与 SGW 通信，例如已经规划的 MME 控制面地址为：217.79.130.166。在用户附着过程中，MME 结合用户的所在的 TA 信息和 SGW 管理的 TA 信息生成新的 T A List，并通过附着接受消息发送给用户。此处的配置需与跟踪区配置中 MME 管理的跟踪区域相对应。例如 MME 管理的 TAID 为 1，与 SGW 对接的配置如图 3-30 所示。

图 3-30　与 SGW 对接配置示例

3.4.1.4　MME 会话业务配置

用户在进行会话业务时，首先创建默认承载，获取到 PDN 地址，然后根据此 PDN 地址进行数据业务。其基本流程如下。

（1）用户附着时需要创建默认承载，这时取签约的默认 APN 作为接入点；创建默认承载时，用户会发起 PDN 连接请求，其中携带 APN 参数，标识自己选择的接入点，例如用户选择 zte.com 作为接入点。

（2）MME 根据签约 APN 或用户请求中的 APN，结合用户 IMSI 信息或 MME 本局属性里的 PLMN 构造出新的 APN，例如用户 IMSI 为 46046123456789，用户请求的 APN 为 zte.com，MME 根据配置信息构造出完整的 APN：zte.com.mnc046.mcc460.gprs，并根据这个 APN 来寻址 PGW。

（3）MME 寻找到 PGW 后，再根据用户当前的 TAI 解析需要接入的 SGW 地址，发送创建默认承载请求给 SGW，SGW 根据 MME 传来的 PGW 地址，再向 PGW 发送创建默认承载请求，PGW 返回分配给 UE 使用的 PDN 地址。用户根据此 PDN 地址进行数据业务。

在 EPC 系统中，MME 不直接与 PGW 对接，但是在进行会话业务时，MME 需根据 APN 寻址 PGW，然后解析出需要接入的 SGW 地址。因此，需要在基本会话业务配置中增加对 PGW 地址和 SGW 地址的解析配置。另外，在涉及到跨 MME 切换的应用场景下，源 MME 需要发切换请求消息给目的 MME，因此需要设置到目的 MME 地址的解析。

与以上业务过程相对应，基本会话业务配置的主要步骤如表 3-12 所示。

表 3-12　基本会话业务配置步骤

步骤	操作	操作说明
1	增加 APN 解析配置	设置 PLMN 中 APN 名和 PGW 网元的 IP 地址对应关系。MME 可以由 APN 解析得到 PGW 网元的 IP 地址
2	增加 EPC 地址解析	设置在 PLMN 网络中，SGW 网元与 MME 对接时的 IP 地址对应关系。通过此配置，MME 可以由 TAC 解析得到 SGW 网元的 IP 地址
3	增加 MME 地址解析	通过此配置，MME 可以由 MMEC 和 MMEGI 解析得到 SGW 网元的 IP 地址

以上基本会话业务配置涉及的参数如表 3-13 所示。

表 3-13　基本会话业务配置参数说明

参数名称		说明	取值举例
增加 APN 解析	APN	接入点名称，由网络标识和运营商标识组成；APN 名称以 apn.epc.mnc.mcc.3gppnetwork.org 为后缀，mnc 和 mcc 都是三位 0～9 数字，不足三位的，靠前补零	test2.apn.epc.mnc002.mcc460.3gppnetwork.org
	解析地址	APN 对应的 PGW 的 GTP-C 地址	217.79.130.160
	业务类型	APN 支持的服务类型，这里须选择 x_3gpp_pgw	x_3gpp_pgw
	协议类型	APN 支持的协议类型，这里须选择 x_s5_gtp	x_s5_gtp
增加 EPC 地址解析	名称	名称须以 apn.epc.mnc.mcc.3gppnetwork.org 为后缀，mnc 和 mcc 都是三位 0～9 数字，不足三位的，靠前补零	tac-lb1B.tac-hb1A.tac.epc.mmc002.mcc460.3gppnetwork.org
	解析地址	TAC 对应的 SGW 的 S11-GTPC 地址	217.79.130.129
	业务类型	APN 支持的服务类型，这里须选择 x_3gpp_sgw	x_3gpp_sgw
	协议类型	APN 支持的协议类型，这里须选择 x_s5_gtp	x_s5_gtp
增加 MME 地址解析	名称	名称须以 apn.epc.mnc.mcc.3gppnetwork.org 为后缀，mnc 和 mcc 都是三位 0～9 数据，不足三位的，靠前补零	mmec1.mmegi1.mme.epc.mnc01.mcc460.3gppnetwork.org
	解析地址	MMEC 和 MMEGI 对应的 MME 的控制面地址	100.91.1.161
	业务类型	APN 支持的服务类型，这里须选择 x_3gpp_mme	x_3gpp_mme
	协议类型	APN 支持的协议类型，这里须选择 x_s10	x_s10

步骤一，根据表 3-13 中规划示例，APN 解析配置如图 3-31 所示。

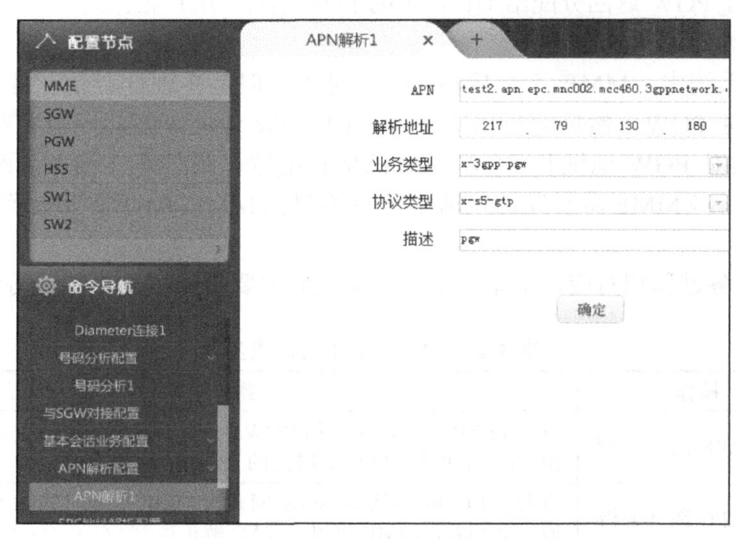

图 3-31　APN 解析配置示例

步骤二，根据表 3-13 中规划示例，EPC 地址解析配置如图 3-32 所示。

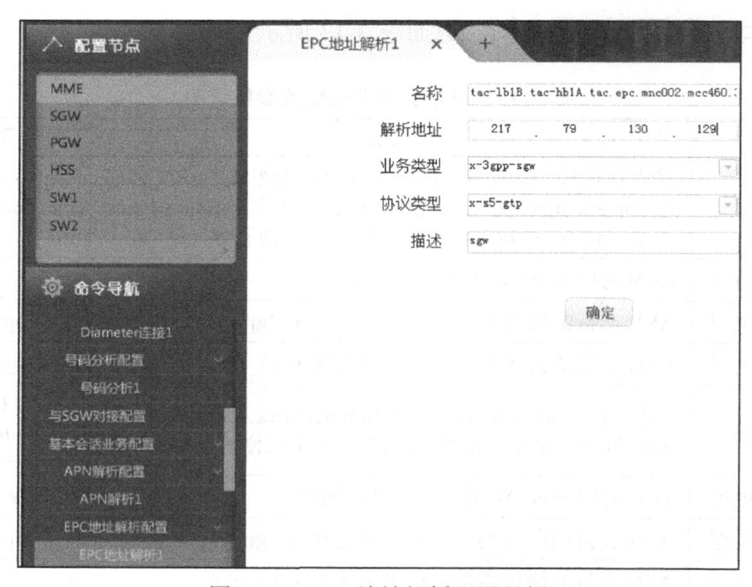

图 3-32　EPC 地址解析配置示例

步骤三，根据表 3-13 中规划示例，EPC 地址解析配置如图 3-33 所示。

3.4.1.5　MME 接口及路由配置

步骤一，接口配置。

MME 通过接口板与外部网络相连接。配置接口板接口实际就是将配置的逻辑接口 IP 地址对应到具体的接口板的物理接口上。如果使用规划的多个接口，依次增加。 在配置数据之前，应当完成 MME 接口配置的数据规划，数据规划示例参见表 3-14。

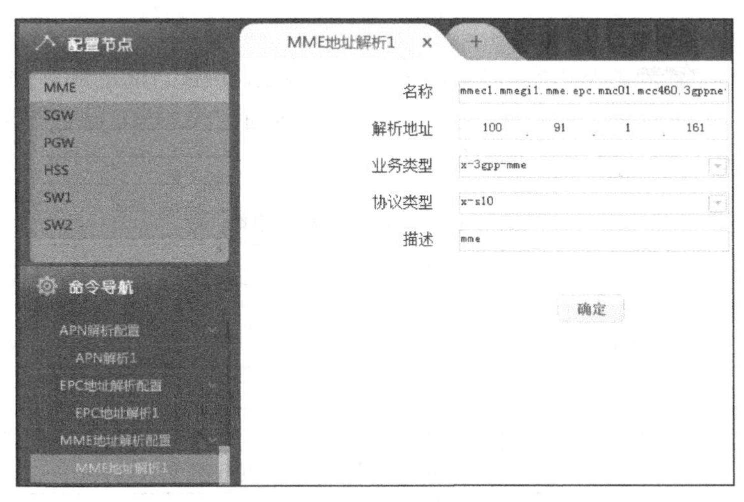

图 3-33　MME 地址解析配置示例

表 3-14　接口 IP 配置参数说明

参数名称	说明	取值举例
接口 ID	用于标识某个接口，不可重复	1
槽位	接口板所在的槽位	7
端口	填写单板对应的端口，默认由上至下，从 1 开始编号	1
IP 地址	对应接口板的实接口 IP 地址	10.101.216.1
掩码	对应接口板的实际接口子网掩码	255.255.255.192

根据规划，完成 MME 接口 IP 地址配置如图 3-34 所示。

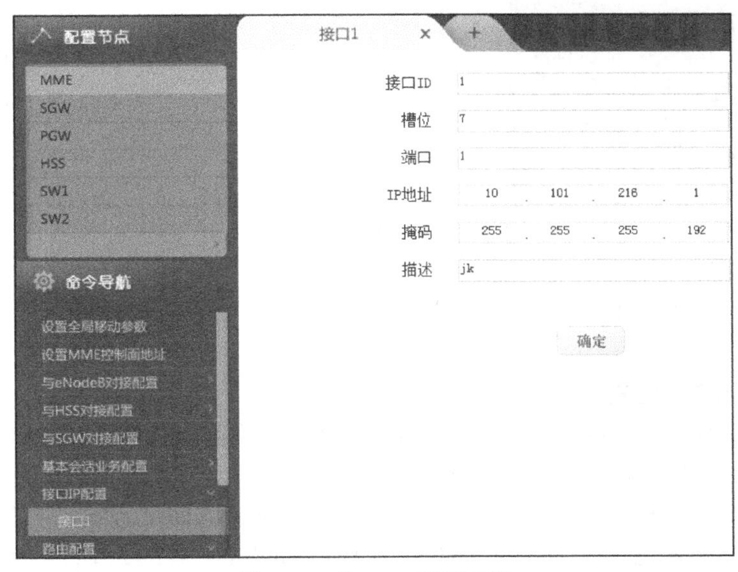

图 3-34　接口 IP 配置示例

步骤二，路由配置。

MME 需要配置静态路由实现与 SGW、HSS 及 eNodeB 之间的路由联通。具体路由配置需要根据 IP 规划进行配置。在配置数据之前，应当完成 MME 路由配置的数据规划，数据规划示例参见表 3-15 路由配置参数说明。

表 3-15 路由配置参数说明

参数名称	说明	数值举例
路由 ID	用于标识某条路由，不可重复	1
目的地址	对端的 IP 地址前缀	10.101.210.1
掩码	IP 地址所对应的子网掩码	255.255.255.255
下一跳	下一跳 IP 地址所在的接口地址	10.101.216.13
优先级	同一目的地址的多条路由之间的优先级，数值越小优先级越高	1

根据规划，完成 MME 路由地址的配置如图 3-35 所示。

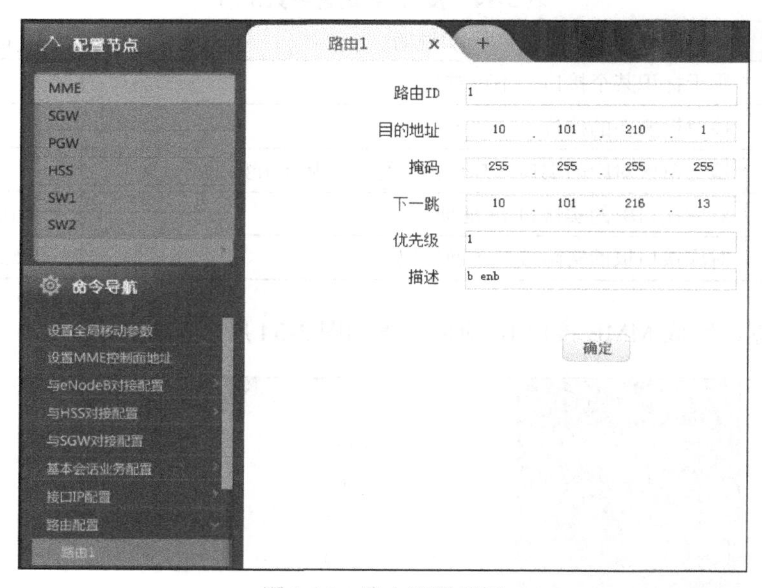

图 3-35 路由配置示例

3.4.2 SGW 开通配置

3.4.2.1 SGW 配置概述

SGW 的开通配置包括三个部分，本局数据配置、网元对接配置、接口地址及路由配置，每个步骤的配置内容如图 3-36 所示。

其中 SGW 与其他网元的对接配置，SGW 主要与 eNodeB、MME 以及 PGW 互通，即 SGW 的对接配置包含三个部分，即 S1-U 接口的配置、S11 接口的配置和 S5/S8 接口的配置。

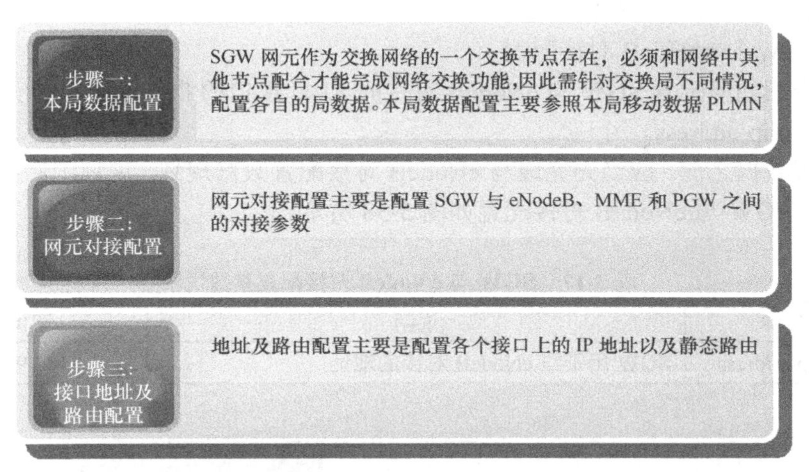

图 3-36 SGW 配置流程

接下来按照 SGW 最小配置，介绍具体的配置步骤及配置方法。

3.4.2.2 SGW 本局数据配置

本节介绍如何配置 SGW 所归属的 PLMN，其目的在于：

当 SGW 收到用户的激活请求消息并解析出用户 IMSI 号码中的 MCC 和 MNC 后，需要与 SGW 所归属的 PLMN 中的 MCC 和 MNC 进行比较，以便区分用户是本地用户、拜访用户还是漫游用户；

当 SGW 与周边网元进行交互时，需要在信令中携带 SGW 归属的 PLMN 信息。

在配置数据之前，应当先完成 PLMN 数据规划，规划示例参见表 3-16，根据规划，配置 PLMN 如图 3-37 所示。

表 3-16 PLMN 配置参数说明

参数名称	说明	取值举例
移动国家码	根据实际填写，如中国的移动国家码为 460	460
移动网号	根据运营商的实际情况填写	01

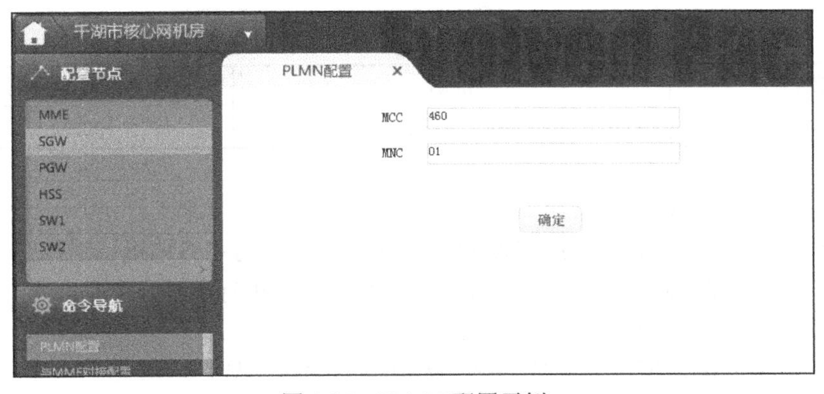

图 3-37 PLMN 配置示例

3.4.2.3 SGW 网元对接配置

（1）SGW 与 eNodeB 对接配置

本节介绍如何配置 SGW 与 eNodeB 对接的 S1-U 接口的业务地址，这个业务地址参数为 S1u-gtp-ip-address。

在配置数据之前，应当先完成与 eNodeB 对接配置数据规划，规划示例参见表 3-17，根据规划，SGW 与 eNodeB 对接配置如图 3-38 所示。

表 3-17　SGW 与 eNodeB 对接配置参数说明

参数名称	说明	取值举例
S1u-gtp-ip-address	SGW 用于与 eNodeB 对接的地址	100.91.1.172

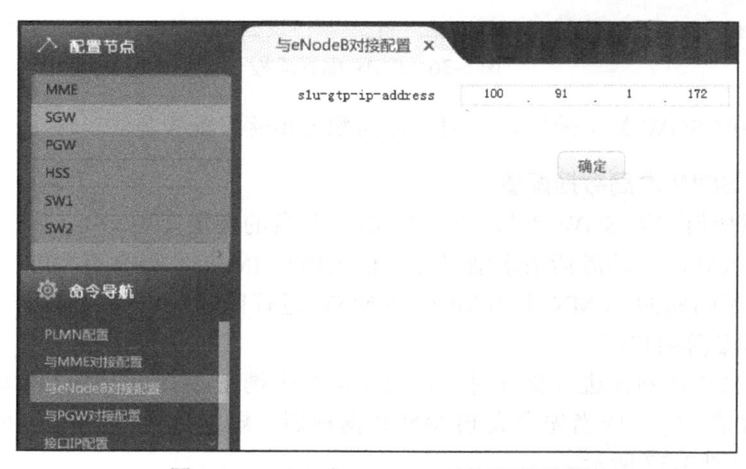

图 3-38　SGW 与 eNodeB 对接配置示范

（2）SGW 与 MME 对接配置

本节介绍如何配置 SGW 与 MME 对接的 S11 接口的业务地址。

在配置数据之前，应当先完成与 MME 对接配置数据规划，规划示例参见表 3-18，根据规划，SGW 与 MME 对接配置如图 3-39 所示。

表 3-18　SGW 与 MME 对接配置参数说明

参数名称	说明	取值举例
S11-gtp-ip-address	SGW 用于与 MME 对接的地址	100.91.1.173

（3）SGW 与 PGW 对接配置

本节介绍如何配置 SGW 与 PGW 对接的 S5/S8 接口的业务地址。S5/S8 接口包括控制面和用户面，因此各配置一个地址与 PGW 对接，在进行地址规划时，控制面地址和用户面地址可以设置为相同，也可以不同。

在配置数据之前，应当先完成与 PGW 对接配置数据规划，规划示例参见表 3-19，根据规划，SGW 与 PGW 对接配置如图 3-40 所示。

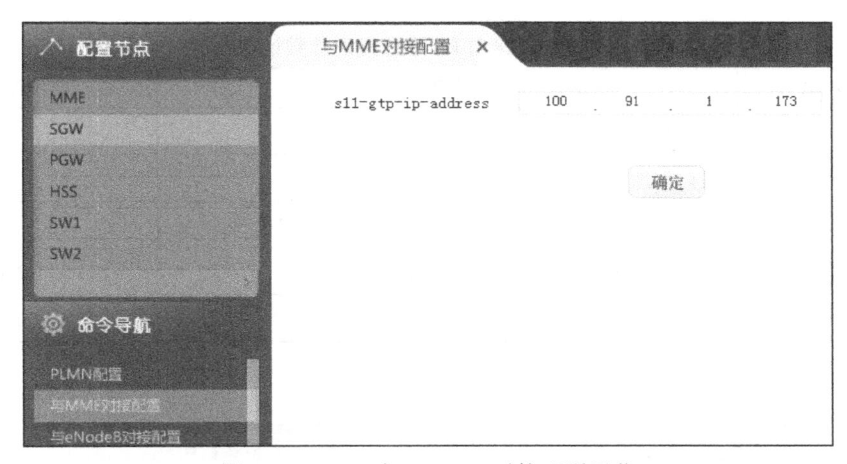

图 3-39　SGW 与 eNodeB 对接配置示范

表 3-19　SGW 与 PGW 对接配置参数说明

参数名称	说明	取值举例
S5S8-gtpc-ip-address	SGW 用于与 PGW 对接的控制面地址	100.91.1.171
S5S8-gtpu-ip-address	SGW 用于与 PGW 对接的用户面地址	100.91.1.171

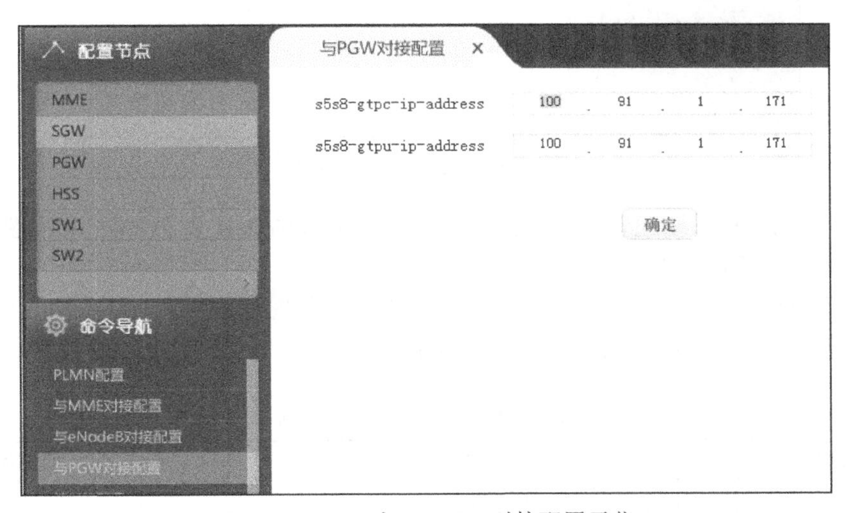

图 3-40　SGW 与 eNodeB 对接配置示范

3.4.2.4　SGW 接口及路由配置

步骤一，SGW 通过接口板与外部网络相连接。配置接口板接口实际就是将配置的逻辑接口 IP 地址对应到具体的接口板的物理接口上。

在配置数据之前，应当完成 SGW 接口配置的数据规划，数据规划示例参见表 3-20。

根据规划，完成 SGW 接口 IP 地址配置如图 3-41 所示。

表 3-20　接口 IP 配置规划参数说明

参数名称	说明	取值举例
接口 ID	用于标识某个接口，不可重复	1
槽位	接口板所在的槽位	7
端口	填写单板对应的端口，默认由上至下，从 1 开始编号	1
IP 地址	对应接口板的实际接口 IP 地址	10.11.216.17
掩码	对应接口板的实际接口子网掩码	255.255.255.252

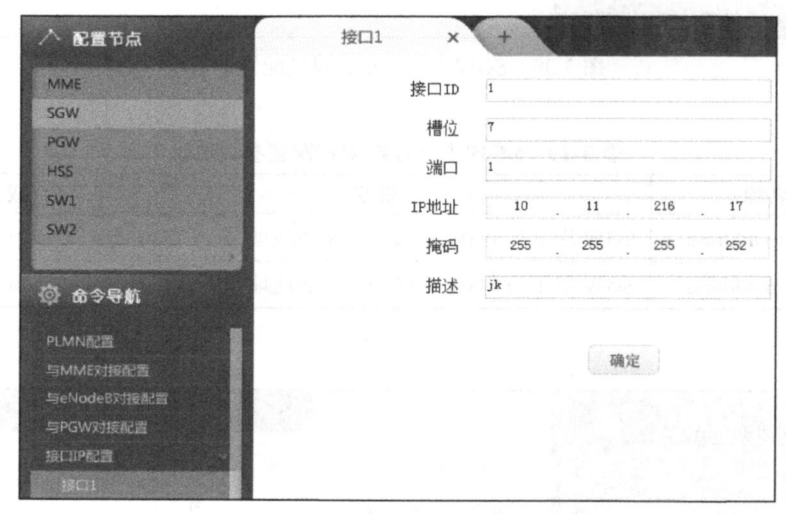

图 3-41　接口 IP 配置示例

步骤二，SGW 需要配置静态路由实现与 MME、eNodeB 及 PGW 之间的路由连通。具体路由配置需要根据 IP 规划进行配置。

在配置数据之前，应当完成 SGW 路由配置的数据规划，数据规划示例参见表 3-21。

根据规划，完成 SGW 路由配置如图 3-42 所示。

表 3-21　路由配置规划示例

参数名称	说明	取值举例
路由 ID	用于标识某条路由，不可重复	1
目的地址	对端的 IP 地址前缀	100.91.2.164
掩码	IP 地址所对应的子网掩码	255.255.255.255
下一跳	下一跳 IP 地址所在的接口地址	10.11.107.10
优先级	同一目的地址的多条路由之间的优先级，数值越小优先级越高	1

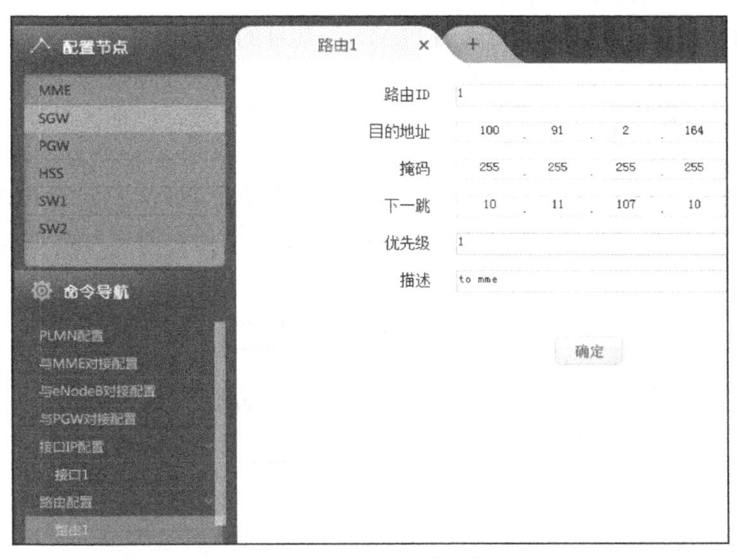

图 3-42　路由配置示例

3.4.3　PGW 开通配置

3.4.3.1　PGW 配置概述

PGW 同 SGW 一样，是 EPC 网络中的用户面处理节点，PGW 的配置步骤包括本局数据配置、网元对接配置、地址池配置和接口地址及路由配置。

具体配置步骤如图 3-43 所示。

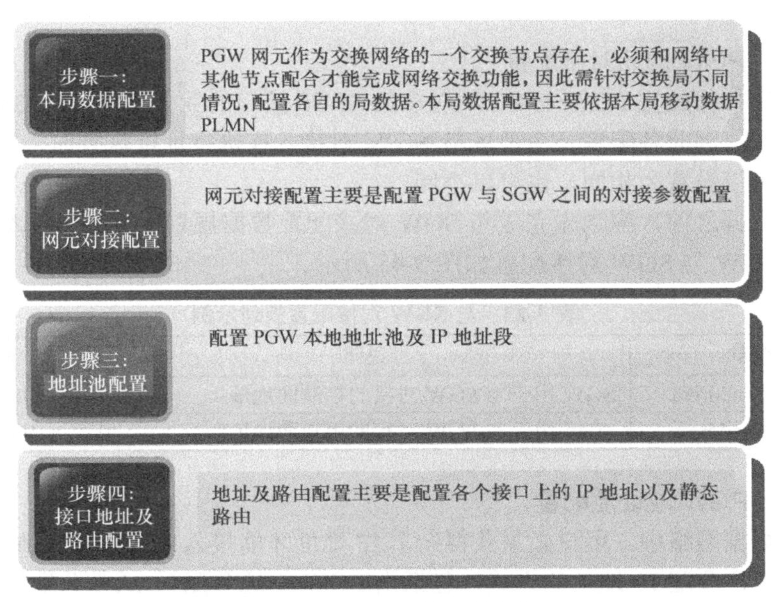

图 3-43　PGW 开通配置流程

3.4.3.2 PGW 本局数据配置

本节介绍如何配置 PGW 所归属的 PLMN，其目的在于：

当 PGW 收到用户的激活请求消息并解析出用户 IMSI 号码中的 MCC 和 MNC 后，需要与 PGW 所归属的 PLMN 中的 MCC 和 MNC 进行比较，以便区分用户是本地用户、拜访用户还是漫游用户；

当 PGW 与周边网元进行交互时，需要在信令中携带 PGW 归属的 PLMN 信息。

在配置数据之前，应当先完成 PLMN 数据规划，规划示例参见表 3-22，根据规划，配置 PLMN 如图 3-44 所示。

表 3-22　PLMN 规划示例

参数名称	说明	取值举例
移动国家码	根据实际填写，如中国的移动国家码为 460	460
移动网号	根据运营商的实际情况填写	01

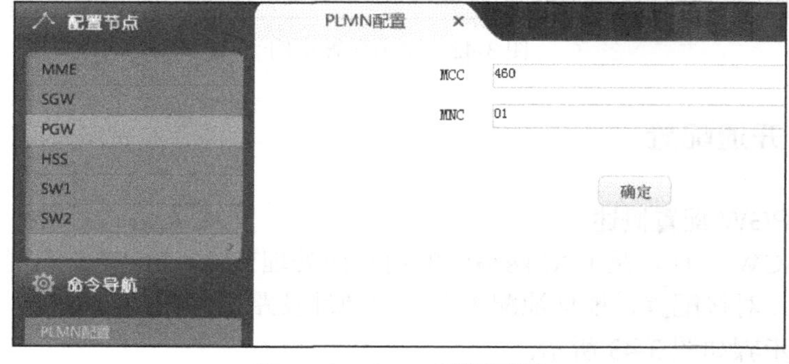

图 3-44　PLMN 配置示例

3.4.3.3 PGW 网元对接配置

本节介绍如何配置 PGW 与 SGW 对接的 S5/S8 接口的业务地址。S5/S8 接口包括控制面和用户面，因此各配置一个地址与 SGW 对接，在进行地址规划时，控制面地址和用户面地址可以设置为相同，也可以不同。

在配置数据之前，应当先完成与 SGW 对接配置数据规划，规划示例参见表 3-23，根据规划，PGW 与 SGW 对接配置如图 3-45 所示。

表 3-23　与 SGW 对接配置规划示例

参数名称	说明	取值举例
S5S8-gtpc-ip-address	SGW 用于与 PGW 对接的控制面地址	100.91.1.181
S5S8-gtpu-ip-address	SGW 用于与 PGW 对接的用户面地址	100.91.1.181

3.4.3.4 PGW 地址池配置

在分组数据网络中，用户必须获得一个 IP 地址才能接入 PDN，一般在现网中 PGW 支持多种为用户分配 IP 地址的方式，包括由 PGW 本地分配、AAA 分配和 DHCP 服务器分配，通常采用 PGW 本地分配的方式。本节介绍如何配置本地地址池中的 IP 地址，当PGW采用本地地址池为用户分配IP地址时，需要创建本地地址池，并为此种类型的地址池分配对应的地址段。

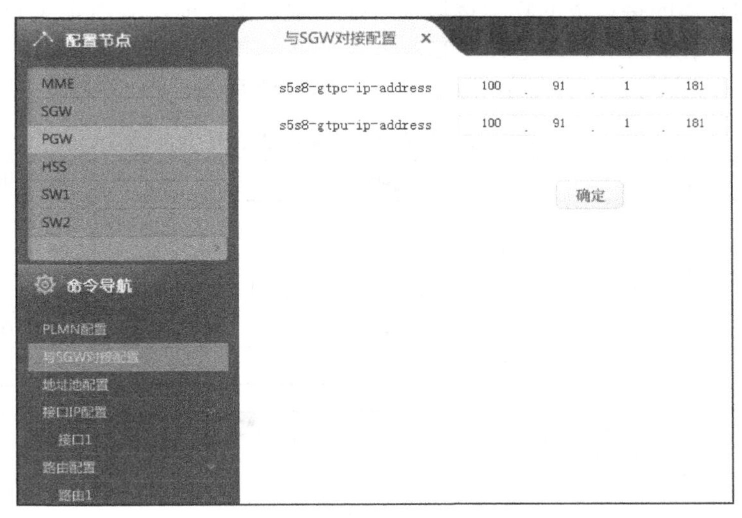

图3-45　与SGW对接配置示例

在配置数据之前，应当完成PGW地址池配置的数据规划，数据规划示例参见表3-24。根据规划，完成PGW地址池配置如图3-46所示。

表3-24　PGW地址池配置规划示例

参数名称	说明	取值举例
地址池ID	用于标识某个接口，不可重复	1
APN	填写APN-NI信息	test1
地址池起始地址	地址池的起始地址	10.10.10.1
地址池终止地址	地址池的终止地址	10.10.10.254
掩码	地址段的掩码	255.255.225.0

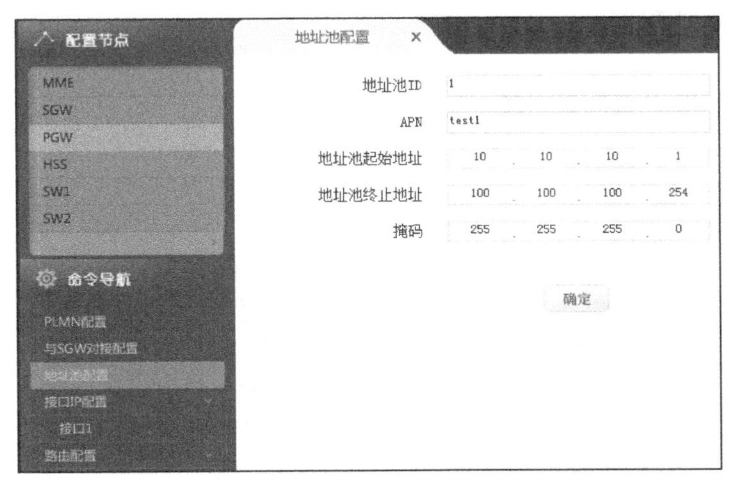

图3-46　PGW地址池配置示例

3.4.3.5 PGW 接口及路由配置

PGW 通过接口板与外部网络相连接。配置接口板接口实际就是将配置的逻辑接口 IP 地址对应到具体的接口板的物理接口上。在配置数据之前，应当完成 PGW 接口配置的数据规划，数据规划示例参见表 3-25。

根据规划，完成 PGW 接口 IP 地址配置如图 3-47 所示。

表 3-25 接口 IP 配置规划示例

参数名称	说明	取值举例
接口 ID	用于标识某个接口，不可重复	1
槽位	接口板所在的槽位	7
端口	填写单板对应的端口，默认由上至下，从 1 开始编号	1
IP 地址	对应接口板的实际接口 IP 地址	10.11.107.3
掩码	对应接口板的实际接口子网掩码	255.255.255.0

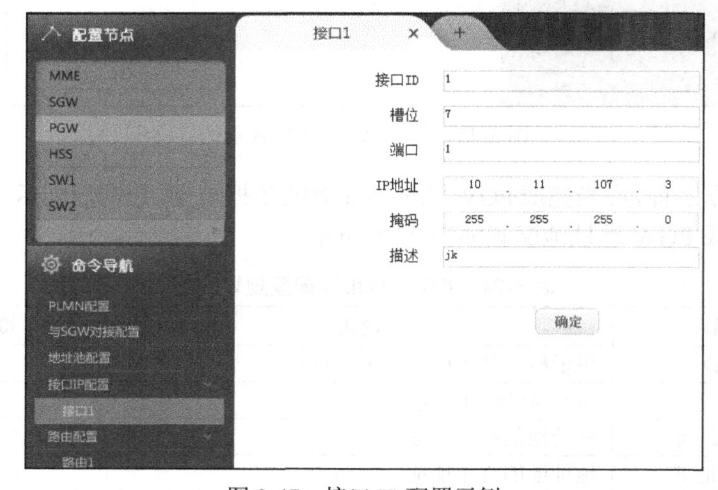

图 3-47 接口 IP 配置示例

3.4.4 HSS 开通配置

3.4.4.1 HSS 开通配置概述

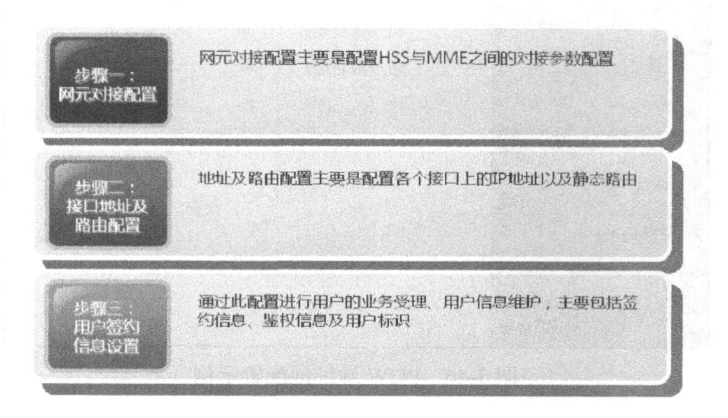

3.4.4.2　HSS 网元对接配置

与 MME 侧相对应，HSS 通过 S6a 接口与 MME 连接，实现位置更新、用户数据管理、鉴权信息获取、HSS 重置等功能。HSS 与 MME 间采用 Diameter 协议，其协议栈如图 3-48 所示。HSS 侧的协商参数与 MME 侧类似，HSS 需要与 MME 完成 SCTP 层及 Diameter 层的相关参数对接。

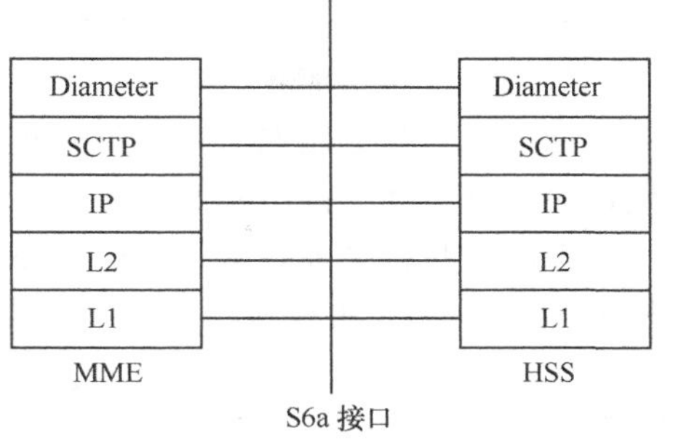

图 3-48　S6a 接口协议栈

在配置数据之前，应当完成 HSS 与 MME 对接的相关数据规划，数据规划示例参见表 3-26。

表 3-26　HSS 与 MME 对接配置规划示例

参数名称	说明	取值举例
SCTP 标识	用于标识偶联	1
Diameter 偶联本端 IP	HSS 端的偶联地址	217.79.130.170
Diameter 偶联本端端口号	HSS 端的端口号	2
Diameter 偶联对端 IP	对端的偶联地址，与 MME 侧协商一致	217.79.130.162
Diameter 偶联对端端口号	对端的端口号，与 MME 侧协商一致	1
Diameter 偶联应用属性	与对端相反，一般 HSS 作为服务端	服务端
本端主机名	HSS 节点主机名	hss.cnnet.cn
本端域名	HSS 节点域名	cnnet.cn
对端主机名	MME 节点主机名	mme.cnnet.cn
对端域名	MME 节点域名	cnnet.cn

根据规划，配置 HSS 与 MME 对接配置如图 3-49 所示。

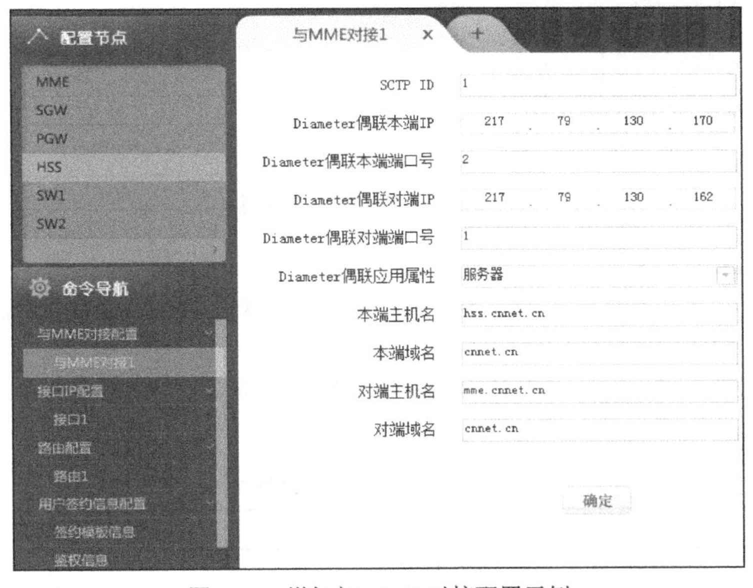

图 3-49　增加与 MME 对接配置示例

3.4.4.3　HSS 接口及路由配置

步骤一，接口配置。

HSS 通过接口板与外部网络相连接。配置接口板接口实际就是将配置的逻辑接口 IP 地址对应到具体的接口板的物理接口上。

在配置数据之前，应当完成 HSS 接口配置的数据规划，数据规划示例参见表 3-27。根据规划，完成 HSS 接口 IP 地址配置如图 3-50 所示。

表 3-27　接口 IP 配置规划示例

参数名称	说明	取值举例
接口 ID	用于标识某个接口，不可重复	1
槽位	接口板所在的槽位	7
端口	填写单板对应的端口，默认由上至下，从 1 开始编号	1
IP 地址	对应接口板的实际接口 IP 地址	10.11.216.25
掩码	对应接口板的实际接口子网掩码	255.255.255.192

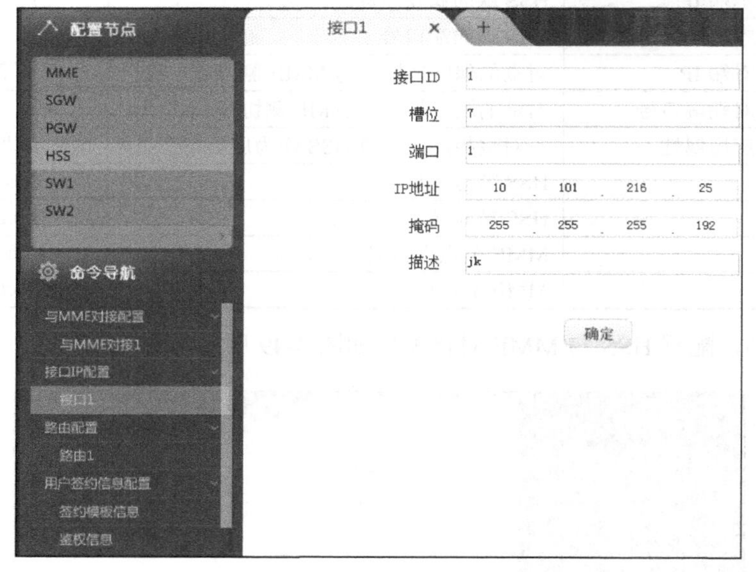

图 3-50　接口 IP 配置示例

步骤二，路由配置。

HSS 需要配置静态路由实现与 MME 之间的路由联通。具体路由配置需要根据 IP 规划进行配置。

在配置数据之前，应当完成 HSS 路由配置的数据规划，数据规划示例参见表 3-28。根据规划，完成 HSS 路由配置如图 3-51 所示。

表 3-28　路由配置规划示例

参数名称	说明	取值举例
路由 ID	用于标识某条路由，不可重复	1
目的地址	对端的 IP 地址前缀	217.79.130.162

续表

参数名称	说明	取值举例
掩码	IP 地址所对应的子网掩码	255.255.255.255
下一跳	下一跳 IP 地址所在的接口地址	10.101.216.5
优先级	同一目的地址的多条路由之间的优先级，数值越小优先级越高	3

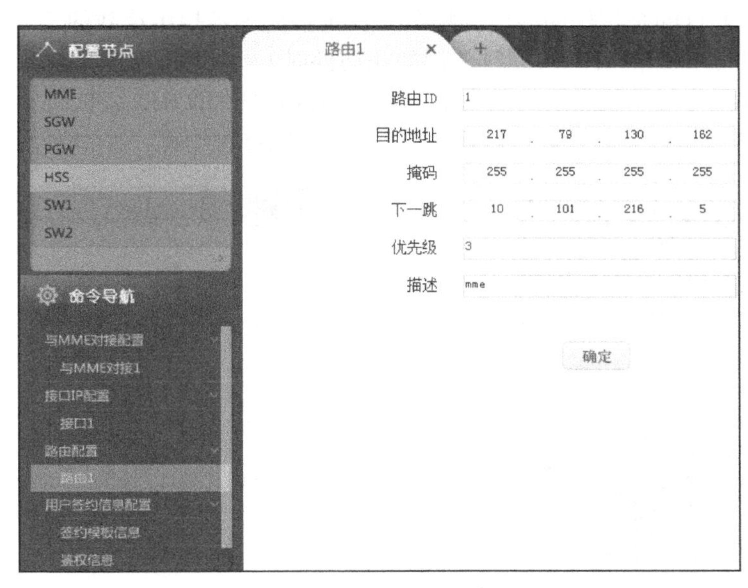

图 3-51　路由配置示例

3.4.4.4　HSS 用户签约信息配置

步骤一，配置签约模板信息。

HSS 存储并管理用户签约数据，包括用户鉴权信息、位置信息及路由信息。因此，需要在 HSS 中对所有签约用户的信息进行签约。 用户的签约信息很多，本仿真软件只涉及用户主要的签约参数的设置。

在配置数据之前，应当完成 HSS 的签约模板信息数据规划，数据规划示例参见表 3-29 签约模板信息规划示例。

表 3-29　签约模板信息规划示例

参数名称	说明	取值举例
用户类别	用户类别包括：2G、3G、LTE	1
用户上行最大带宽	UE-AMBR 的上行值	10
用户下行最大带宽	UE-AMBR 的下行值	50
APN	此处填写 APN-NI	test1
APN 上行最大带宽	APN-AMBR 的上行值	10
APN 下行最大带宽	APN-AMBR 的下行值	50
EPS QoS 类型标识	QCI，QCI 用来代表控制承载级别的包传输处理的接入点参数，范围 1～9	1
ARP 的优先级等级	无线优先级，范围 1～15	1

其中，APN-AMBR（APN-Aggregate Maximum Bit，APN 聚合最大比特率）参数是关于某个 APN，所有的 Non-GBR 承载的比特速率总和的上限。本参数存储在 HSS 中，它限制同一 APN 中所有 PDN 连接的累计比特速率。

UE-AMBR（UE-Aggregate Maximum Bit，UE 聚合最大比特率）参数是关于某个 UE、所有 Non-GBR 承载的、所有 APN 连接的比特率总和的上限。

ARP 的主要目的是在资源限制的情况下决定接受还是拒绝承载的建立或修改请求。同时，ARP 用于特殊的资源限制时（例如在切换时），决定丢弃哪个承载。一旦承载成功建立后，ARP 将对承载级别的数据包传输处理没有任何影响。

根据规划，配置 HSS 的签约模板信息配置如图 3-52 所示。

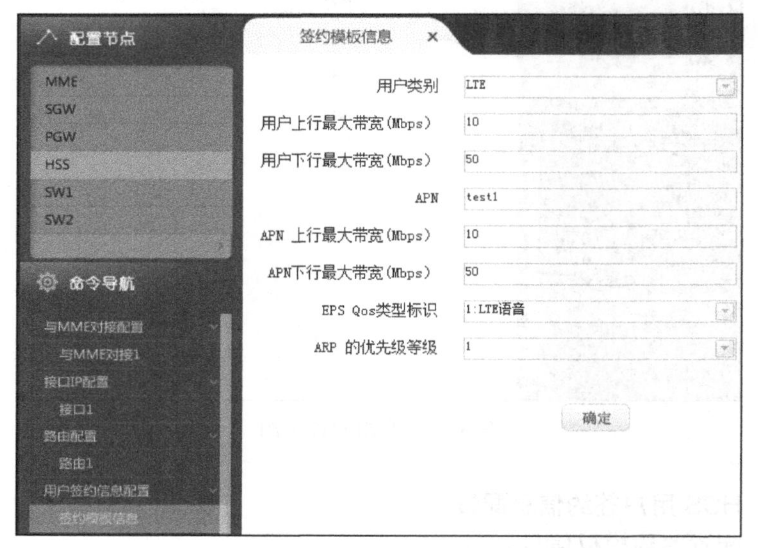

图 3-52　签约模板信息配置示例

步骤二，配置鉴权信息。

HSS 通过接口板与外部网络相连接。配置接口板接口实际就是将配置的逻辑接口 IP 地址对应到具体的接口板的物理接口上。在配置数据之前，应当完成 HSS 接口配置的数据规划，数据规划示例参见表 3-30。

根据规划，完成 HSS 接口 IP 地址配置如图 3-53 所示。

表 3-30　接口 IP 配置规划示例

参数名称	说明	取值举例
KI	用户鉴权键，23 位十六进制数，需要与卡信息保持一致	11111111111 11111111111 11111111 11
鉴权算法	根据网络实际情况选择，LTE 用户选择 Milenage	Milenage

步骤三，配置用户标识。

HSS 通过接口板与外部网络相连接。配置接口板接口实际就是将配置的逻辑接口 IP

地址对应到具体的接口板的物理接口上。在配置数据之前，应当完成 HSS 接口配置的数据规划，数据规划示例参见表 3-31。

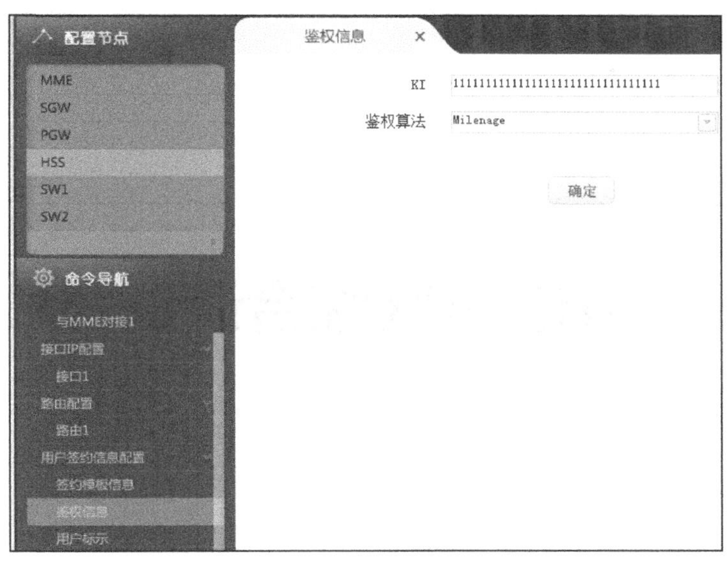

图 3-53　接口 IP 配置示例

表 3-31　用户标识配置规划示例

参数名称	说明	取值举例
IMSI	IMSI 是在移动网中唯一识别一个移动用户的号码	460020123456789
MSISDN	MSISDN 是 ITU-T 分配给移动用户的唯一的识别号，也就是通称的手机号码	15512341234

根据规划，完成 HSS 接口 IP 地址配置如图 3-54 所示。

图 3-54　用户标识配置示例

第 4 章

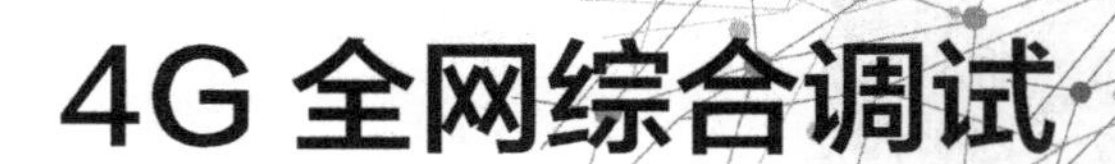

4G 全网综合调试

📖 **知识点**

本章将介绍网络建设部署完成后，当网络中存在一些故障导致用户接入失败时，如何利用系统提供的各种工具进行快速有效的故障定位和排查。

分以下几个部分进行介绍：

- 4G 全网故障排查总流程；
- LTE 无线及核心网综合调试。

4.1　4G 全网故障排查总流程

按照业务流程，在故障排查总思路的指导下，以达到某城市某小区成功拨测为目的。4G 全网的故障排查思路总体分为两个部分，首先建议在实验室模式下完成无线及核心网单独调试，达成实验室模式下的拨测通过。接下来，完成工程模式下承载网的调试及承载网与无线部分的对接，从而实现该小区在工程模式下的最终拨测成功。

总体的调试过程如图 4-1 所示。

其中，无线及核心网实验室模式下的排查过程如下。

步骤一，排查无线物理故障，查看和该拨测小区相关的设备是否有物理告警信息：

（1）机房-BBU，是否存在设备故障、接口故障、连线故障警、链路故障；

（2）机房-RRU，根据数据配置小区链路口配置找到指定 RRU，是否存在设备故障、连线故障、射频故障。

步骤二，使用拨测工具，查看终端工程模式-信号状态，是否有无线信号，如果无信号显示，表示当前终端和基站直接的空口链接建立失败，业务观察的信息将会显示“搜索不到小区”故障。先排查拨测小区相关的基站无线配置、终端无线配置等。

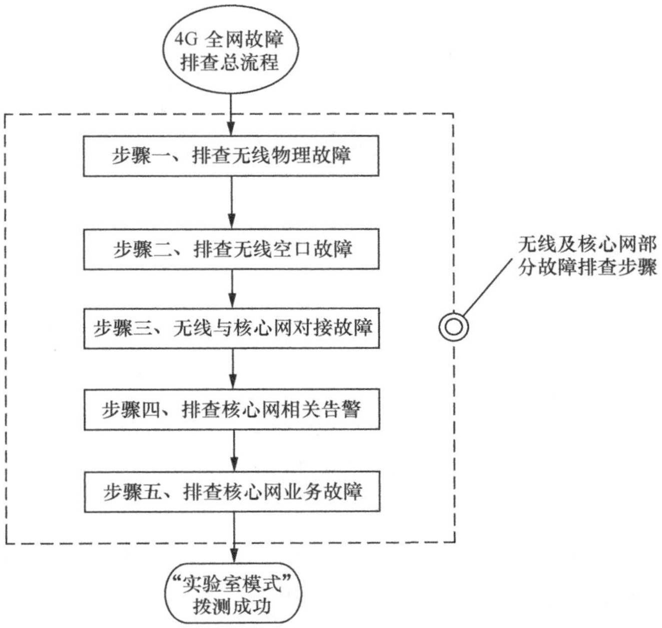

4G 全网故障排查总流程
步骤一、排查无线物理故障
步骤二、排查无线空口故障
步骤三、无线与核心网对接故障
步骤四、排查核心网相关告警
步骤五、排查核心网业务故障
无线及核心网部分故障排查步骤
“实验室模式”拨测成功

图 4-1　4G 全网故障排查总流程

步骤三，如果经过前两个步骤排查后，终端工程模式-信号状态显示有无线信号，表示空口建链成功，此时如果拨测仍不成功，故障应该发生在无线和核心网对接，或者终端和核心网对接故障，具体分析见业务观察所提示的故障位置。

步骤四，查看跟该拨测小区相关的机房设备是否有物理告警信息。

（1）相关机房各个核心网网元（MME、SGW、PGW 及 HSS）是否存在设备故障、接口故障、连线故障、信令链路故障等告警。

（2）如果有如上相关告警，需要先排查掉所有告警，否则拨测失败，失败观察显示“核心网信令故障”。

步骤五，核心网告警消除后，使用拨测工具进行拨测，如果拨测失败，在业务观察中会显示相应的故障信息如“用户不存在”等故障。根据相关故障提示，对拨测小区相关机房的核心网各个网元的数据配置、终端无线配置等进行排查。

4.2　无线及核心网综合调试

4.2.1　调试工具介绍

本仿真软件为无线核心网产品模块提供了七种调试工具，帮助使用者对系统问题进行调试及排查，七种工具分别是：告警、Ping、Trace、业务验证（拨测）、业务观察及切换漫游、路由表模式，如图 4-2 所示。接下来，将分别介绍这七种工具的功能和使用方法。

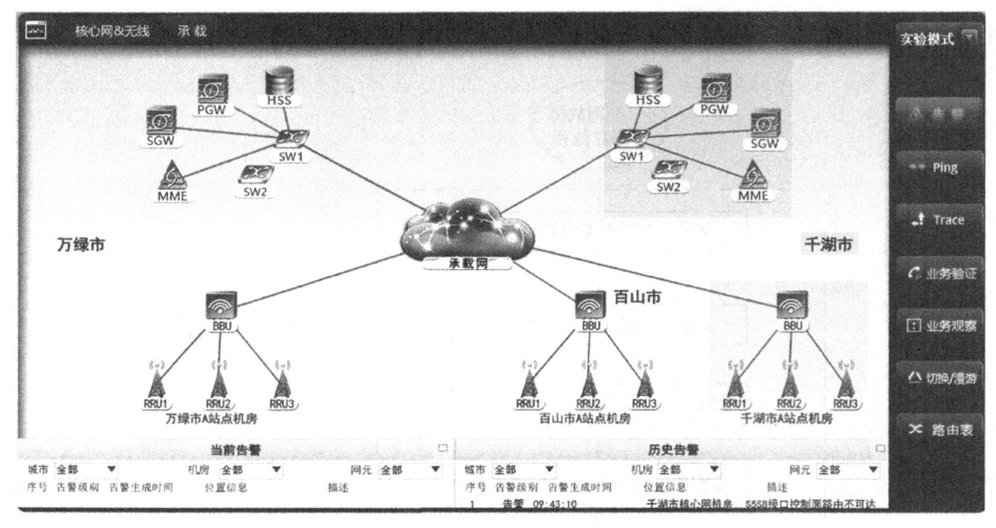

图 4-2　调测工具介绍

4.2.1.1　告警

告警工具是用来检测所有机房现有的设备中，是否存在相关的连线故障、接口通信故障、链路故障等物理类故障。其检测信息来源于目前的“设备配置”的物理检测，以及和该设备相关的“数据配置”中接口类、链路类配置检测。

告警工具默认界面是按无线核心、承载两大业务网络分类显示现有配置的网元逻辑拓扑图，其中有故障的网元将会出现告警色，如图 4-3 所示。在下面“当前警告”可以查看目前所有网元的告警信息，或者在拓扑图中直接点击网元，进入查看指定网元告警。

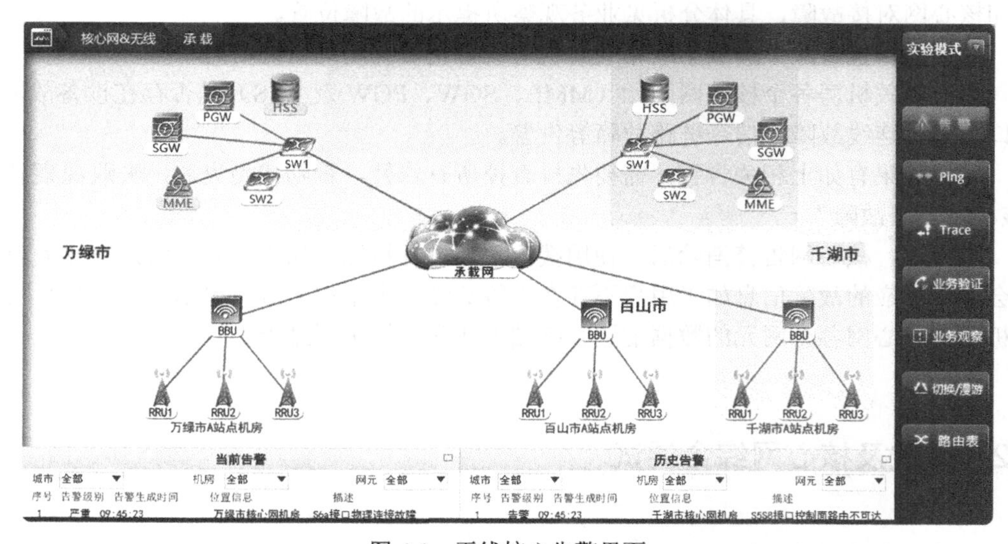

图 4-3　无线核心告警界面

通过“实验环境”菜单选择，可以屏蔽承载，只查看无线核心业务网络当前或历史告警信息。

告警信息是拨测的基础，如果拨测小区相关的设备存在告警信息，将不能通过拨测业务。

无线核心网部分的故障包含如表 4-1 所示 7 类。

表 4-1　无线及核心网故障列表

故障类别	说明
1. 找不到××设备	设备缺失
2. ××设备连线故障	某设备缺失必要连线，或连线类型与数据配置不符
3. ××接口故障	某设备配置中接口配置与数据配置不符
4. RRU 射频故障	某 RRU 天线连接、频率资源等无线资源配置导致射频故障
5. SI-C 链路故障	对接配置故障、路由配置故障等造成与 MME 设备链路建链失败
6. ××接口物理连接故障	某设备中接口的物理连线缺失或连线错误导致接口物理层通信故障
7. ××接口链路故障	某接口两端对接配置错误、路由配置故障等造成的两端设备链路建立失败

4.2.1.2　业务验证（拨测）

业务验证工具是通过模拟终端的业务拨测对系统进行的业务验证，利用模拟终端界面中提供的两种 APP（下载和在线视频）的拨测来判断业务处理功能是否正常。在本仿真软件中，它常与“业务观察”工具配合使用。

业务验证工具具体界面如图 4-4 所示，分为两个区域，“业务验证小区选择地图”区域和“终端界面”区域。

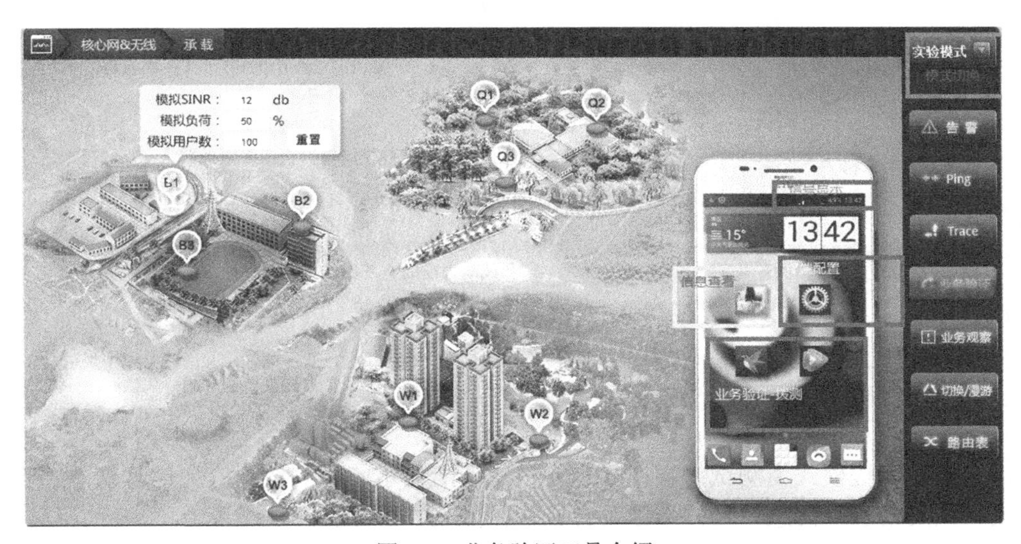

图 4-4　业务验证工具介绍

在小区地图中有 9 个待业务验证的小区气泡点，当某小区被选中呈现选中状态后，会弹出该小区的场景参数，结合此小区的数据配置参数，在模拟终端中选择 APP，将体现出这个小区 4G 系统的业务验证结果，如图 4-5 所示。

业务验证工具所使用的模拟终端界面主要有以下几个主要功能界面。

（1）终端配置界面：设置终端参数。

（2）工程模式界面：显示终端的网络工程参数。

（3）业务拨测界面：提供下载和在线视频两个 APP 程序模拟测试 4G 业务验证，

并最终返回三种测试结果：网络未连接状态、网络连接正常速率低状态，以及速率正常状态。

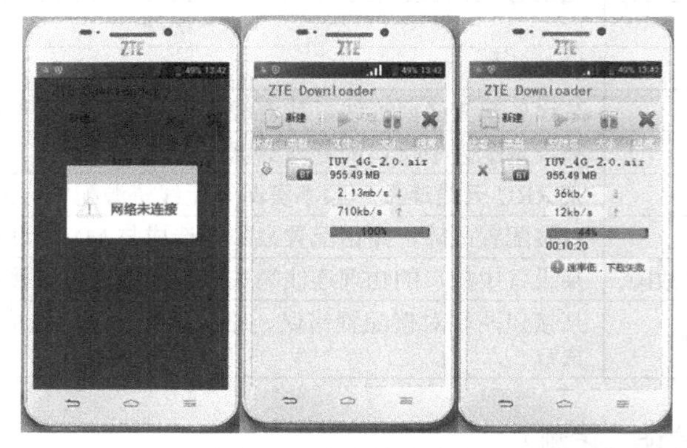

图 4-5　业务拨测结果

业务拨测通常是全网调试的最后一个步骤，拨测工具的界面功能及操作过程如下。

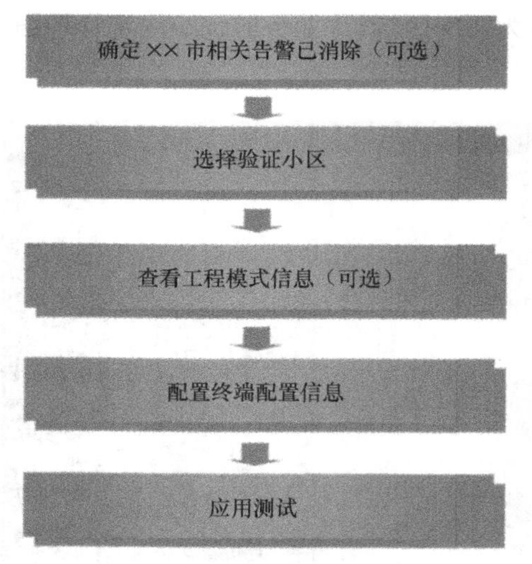

在进行某市下终端的业务拨测前，建议先利用告警工具确定影响本市的可能的物理告警、连线告警、接口通信告警已消除。此步骤为可选操作，可以在测试后再查询告警。

业务验证小区进行选择，包括万绿市的三个小区 W1 ～ W3，千湖市的三个小区 Q1 ～ Q3 以及百山市的三个小区 B1 ～ B3。

模拟终端的工程模式提供查询终端与网络交互的基本信息，如信号状态、无线制式、上下行链路中心载频等。详细信息请参照表 1-1。

用户对测试终端的相关信息进行设置，是在用户开始业务拨测之前的必要操作。需要根据网络信息设置测试终端的 IMSI、支持载频范围、APN 及鉴权信息等。详细信息参照表 1-2。

任意打开一种应用进行业务测试。并返回验证结果成功显示相关业务的界面及数据流传输动画。失败则显示相关错误界面。

其中，工程模式为测试终端在 debug 模式下所显示的调测数据，如信号状态、无线制式、频段指示等信息。具体参数及含义解释如表 4-2 所示。

表 4-2　工程模式信息

参数名	参数说明
1．信号状态	显示当前终端是否能搜索到基站小区的无线信号状态
2．无线制式	显示当前接入小区的 LTE 制式模式
3．eNodeB 标识	显示当前接入小区基站 eNodeBID 标识
4．小区标识 ID	显示当前接入小区标识
5．跟踪区码 TAC	显示当前接入小区的 PLMN 内跟踪区域的标识
6．物理小区识别码 PCI	标识小区的物理层小区标识号

续表

参数名	参数说明
7．频段指示	显示当前接入小区的频段配置
8．上行链路中心载频	显示当前接入小区的上行中心载频配置
9．下行链路中心载频	显示当前接入小区的下行中心载频配置
10．IP 地址	网络侧 PGW 给用户分配的 PDN 地址

在拨测之前，需要对终端进行基本信息的设置，如表 4-3 所示。

表 4-3　终端配置信息

参数名	参数说明
移动国家码 MCC	根据系统规划填写
移动网号 MNC	根据系统规划填写
IMSI	终端的 IMSI 号码
支持频段范围	终端支持的频率范围
APN	APN-NI
ki	鉴权秘钥，系统统一规划
鉴权方式	鉴权方式

4.2.1.3　业务观察

业务观察界面用于显示“拨测”失败触发的事件。其中，“当前事件”中显示未清除的错误事件，“历史事件”中显示“当前事件”中已经被清除的事件，如图 4-6 所示。

利用拨测工具进行业务调试时，用户可以根据业务观察中的错误提示，对系统设置进行调试，最终实现成功拨测。

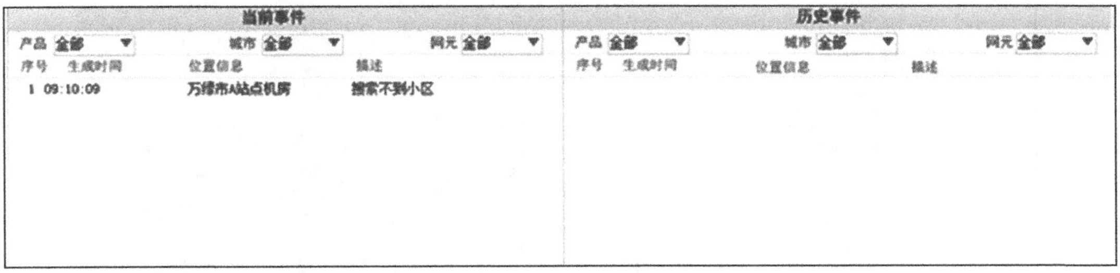

当前事件　历史事件
产品 全部　城市 全部　网元 全部
序号　生成时间　位置信息　描述
1　09:10:09　万绿市A站点机房　搜索不到小区

图 4-6　业务观察界面

4.2.1.4　切换模式

切换模式是在小区通过业务拨测的基础上，测试三个市邻近 9 个小区之间业务切换功能演示工具，如图 4-7 所示。

在切换路径选择主界面中，选择想测试切换功能的小区先后顺序，点击“确定”后，可以在右下角“切换结果”中查看两小区之间分段切换结果，左下角“切换流程”界面将同步播放本分段切换流程。切换路径最多支持 9 跳，即 8 段分段切换，但整个切换路径将在第一个切换失败的分段结束。两小区间分段切换结果将根据以下检测决定：

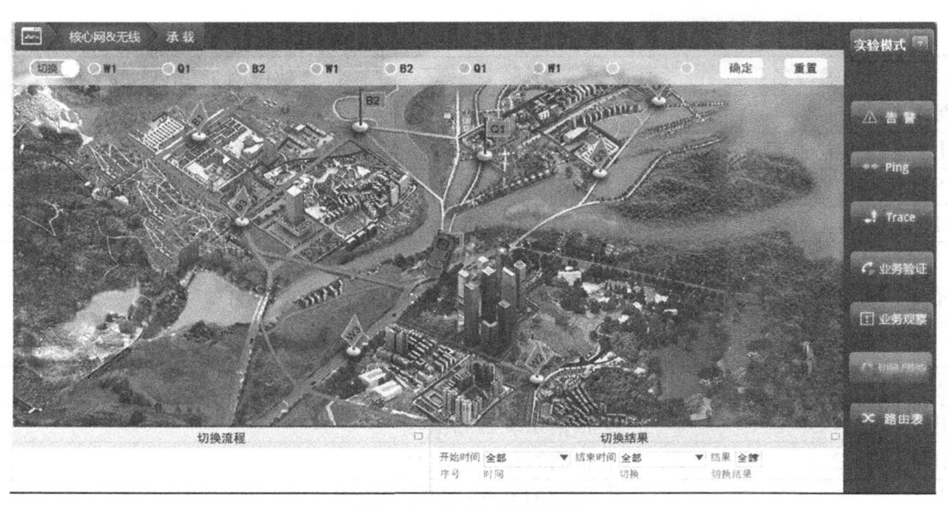

图 4-7　切换界面介绍

- 两小区物理位置上是否为邻区；
- 两小区拨测是否通过；
- 源小区的数据配置中是否配置目的小区为邻区。

4.2.1.5　漫游模式

漫游功能模拟在本软件场景中，千湖/百山市用户在万绿市进行注册上网，或者万绿市用户迁移到千湖/百山市进行注册上网的情况，如图 4-8 所示。

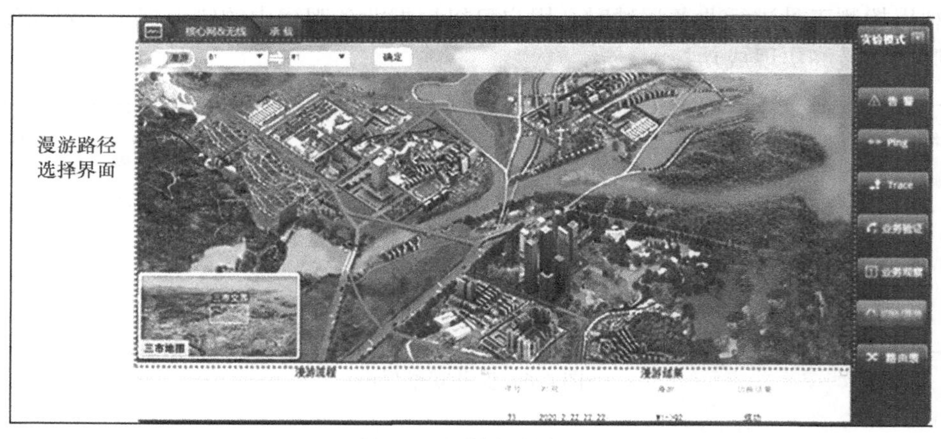

图 4-8　漫游界面介绍

在漫游路径选择主界面中，选择想测试漫游功能的小区先后顺序，单击“确定”按钮后，可以在右下角“漫游结果”中查看两小区之间分段切换结果。

4.2.2　故障排查方法及案例分析

4.2.2.1　故障处理流程及方法

一般故障处理包括信息收集、故障判断、故障定位及故障排除四个步骤，如图 4-9 所示。

（1）信息收集：信息收集为故障排查的第一步，即收集相关故障现象及信息，为故障判断提供分析的依据。在本仿真软件中，可以通过查看告警信息、网络拓扑中的网元状态、PING/TRACE 的结果、拨测结果收集故障信息。

（2）故障判断：依据收集的所有故障信息，对引起该故障现象的可能原因进行分析。

（3）故障定位：查看相关操作或数据配置，对可能原因进行逐一排除，最终定位故障。

（4）故障排除：对“设备配置”和“数据配置”模块的故障进行纠正，从而实现故障的消除。

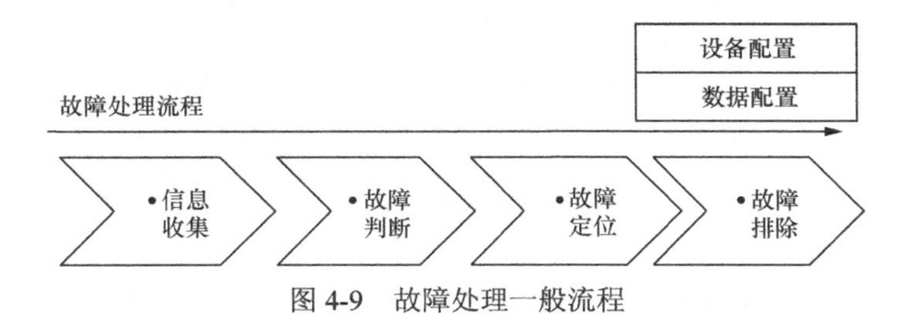

图 4-9 故障处理一般流程

4.2.2.2 无线及核心网故障案例一

无线物理故障排查示例如下。

在进行万绿市无线核心网业务调试中，万绿市任意小区下的拨测都失败。按照无线故障排查思路，先确认“告警信息”中的物理告警，排查设备物理故障，然后排查空口故障，确保终端能搜索到小区无线信号，最后排查对接故障，确保终端能通过接入网与核心网实现业务联通。本案例的拨测环境选择为“实验环境”，如果在“工程模式”下还需要排查承载网的路由等故障。

1. 故障现象

如图 4-10 所示，告警-当前警告，查看位置信息为万绿市 A 站点机房的所有告警，其中 13.BBU 连线故障，分析告警类别，说明 BBU 缺失必要的物理连线，或连线类型与数据配置不符。

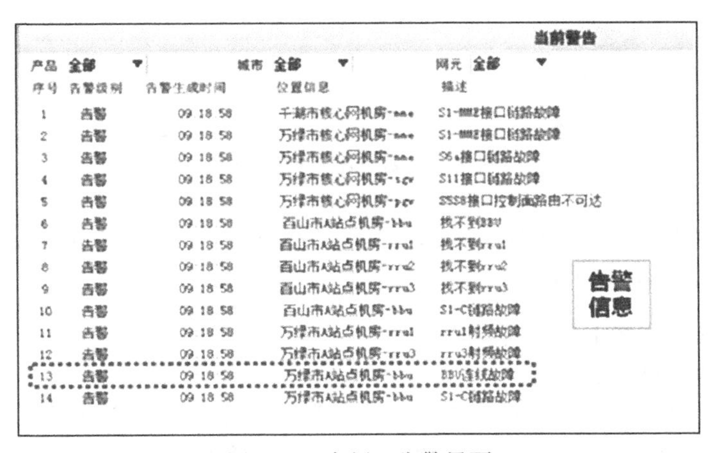

序号	告警级别	告警生成时间	位置信息	描述
1	告警	09 18 58	千湖市核心网机房-mme	S1-MME接口链路故障
2	告警	09 18 58	万绿市核心网机房-mme	S1-MME接口链路故障
3	告警	09 18 58	万绿市核心网机房-mme	S6a接口链路故障
4	告警	09 18 58	万绿市核心网机房-sgw	S11接口链路故障
5	告警	09 18 58	万绿市核心网机房-pgw	S5S8接口控制面路由不可达
6	告警	09 18 58	百山市A站点机房-bbu	找不到BBU
7	告警	09 18 58	百山市A站点机房-rru1	找不到rru1
8	告警	09 18 58	百山市A站点机房-rru2	找不到rru2
9	告警	09 18 58	百山市A站点机房-rru3	找不到rru3
10	告警	09 18 58	百山市A站点机房-bbu	S1-C链路故障
11	告警	09 18 58	万绿市A站点机房-rru1	rru1射频故障
12	告警	09 18 58	万绿市A站点机房-rru3	rru3射频故障
13	告警	09 18 58	万绿市A站点机房-bbu	BBU连线故障
14	告警	09 18 58	万绿市A站点机房-bbu	S1-C链路故障

图 4-10 案例一告警界面

2. 故障分析及定位

（1）根据告警提示，进入“设备配置”模块，如图 4-11 所示，逐个检查 BBU 各接口的连线，没有发现异常。

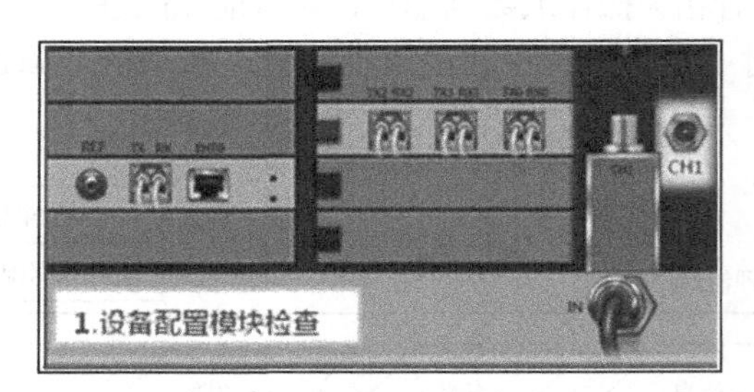

图 4-11 设备配置模块排查

（2）根据分析，如果物理连线没有缺失，就存在物理连线类型与数据配置不符，进入“数据配置”模块，如图 4-12 所示，检查 BBU-物理参数配置，发现承载链路端口配置类型与“设备配置”中与 PTN 物理连线不符。

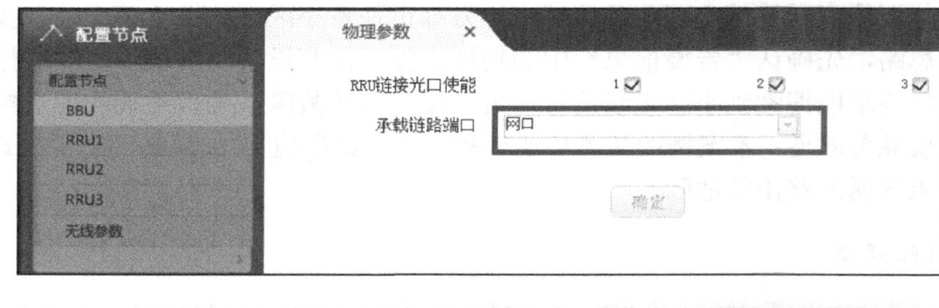

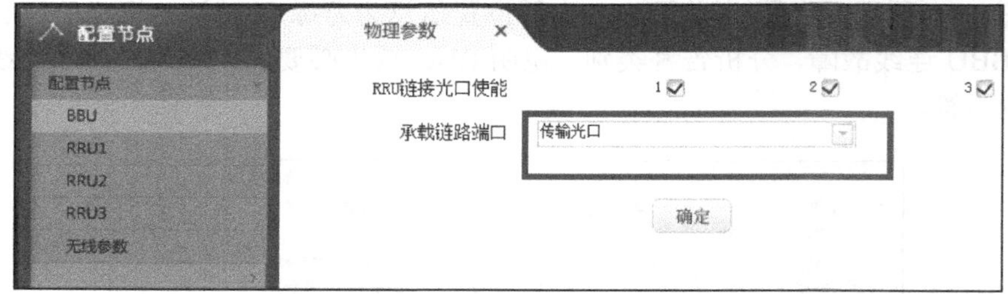

图 4-12 数据配置模块排查

（3）修改“数据配置”模块中端口类型为“传输光口”，告警中的原“13. BBU 连线故障”消除，如图 4-13 所示。

4.2.2.3 无线及核心网故障案例二

无线空口故障排查示例如下。

查看当前告警、拨测的工程模式和“业务观察”提示，三者反馈的信息相互吻合，说明在万绿任意小区下，终端都没有搜索到小区，没有接收到无线信号。

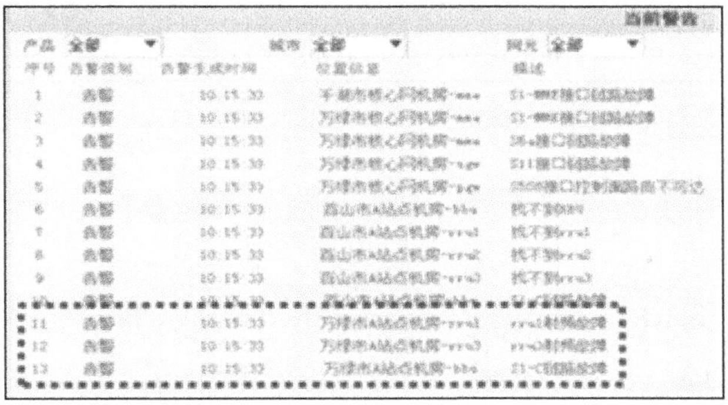

图 4-13　案例一告警界面 2

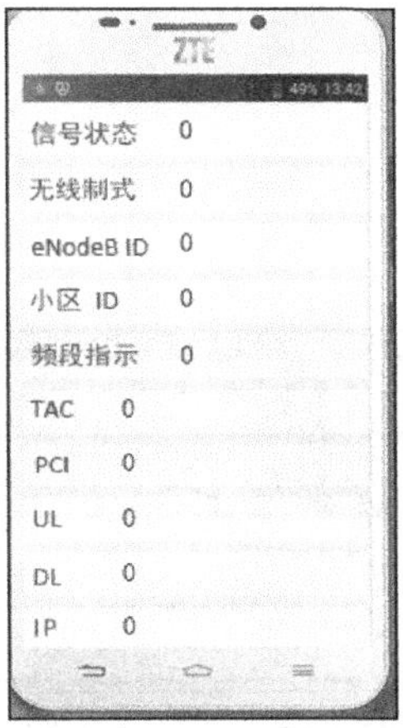

图 4-14　拨测终端-工程模式界面

1. 故障现象 1

（1）“业务验证-工程模式”是指终端正常接入基站后，所接收解调到的基站相关系统参数。示例中，此时所有参数都显示为 0，表示终端目前没有成功解调到基站信号，即没有搜索到小区，如图 4-14 所示。

（2）在“业务观察”中提示“搜索不到小区”信息，如图 4-15 所示，和工程模式提示相符合。

（3）“告警信息”中有提示万绿 RRU 设备故障告警：11.rru1 射频故障，12.rru3 射频故障，如图 4-16 所示。

2. 故障 1 分析及定位

分析以上三个故障现象，三方面的告警或提示相互吻合，并且告警信息应该就是造成前面“工程模式”“业务观察”相关提示的原因。根据告警类别分析，这两个故障是由某 RRU 天线连接、频率资源等无线资源配置导致射频故障，使终端搜索不到小区信号。

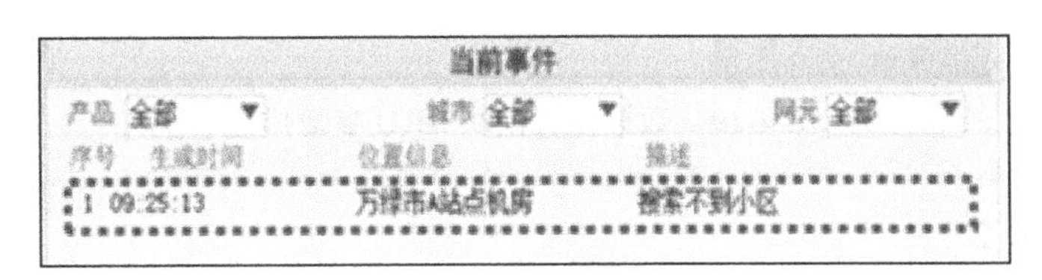

图 4-15　业务观察提示信息

（1）RRU1 射频故障：根据告警分析，此类故障需检查 RRU 与天线连线、频率资源匹配配置。检查“设备配置”中 RRU1 相关物理设备和连线配置，没有发现异常，并查询到 RRU1 和 BBU 的 1 号光口连接；检查“数据配置”，发现与 1 号光口建立逻辑关系的小区 3 上下行中心载频配置与 RRU1-射频配置的频段范围配置不匹配，如图 4-17～图 4-19 所示，可以通过修改支持频段或中心载频消除该告警。

（2）RRU3 射频故障：同上一条告警，通过检查“设备配置”和“数据配置”发现 RRU3 的天线收发模式与数据配置不匹配。可以通过修改其中一处，消除该告警。

当前警告

产品 全部　城市 全部　网元 全部

序号	告警级别	告警生成时间	位置信息	描述
1	告警	10:15:33	千湖市核心网机房-mme	S1-MME接口链路故障
2	告警	10:15:33	万绿市核心网机房-mme	S1-MME接口链路故障
3	告警	10:15:33	万绿市核心网机房-mme	S6a接口链路故障
4	告警	10:15:33	万绿市核心网机房-sgw	S11接口链路故障
5	告警	10:15:33	万绿市核心网机房-pgw	[illegible]接口控制面路由不可达
6	告警	10:15:33	百山市A站点机房-bbu	找不到BBU
7	告警	10:15:33	百山市A站点机房-rru1	找不到rru1
8	告警	10:15:33	百山市A站点机房-rru2	找不到rru2
9	告警	10:15:33	百山市A站点机房-rru3	找不到rru3
10	告警	10:15:33	百山市A站点机房-bbu	S1-C链路故障
11	告警	10:15:33	万绿市A站点机房-rru1	rru1射频故障
12	告警	10:15:33	万绿市A站点机房-rru3	rru3射频故障
13	告警	10:15:33	万绿市A站点机房-bbu	S1-C链路故障

图 4-16　告警提示信息

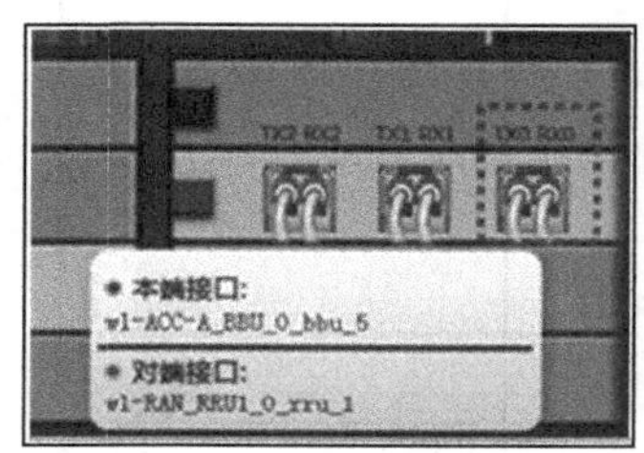

图 4-17　设备配置模块排查

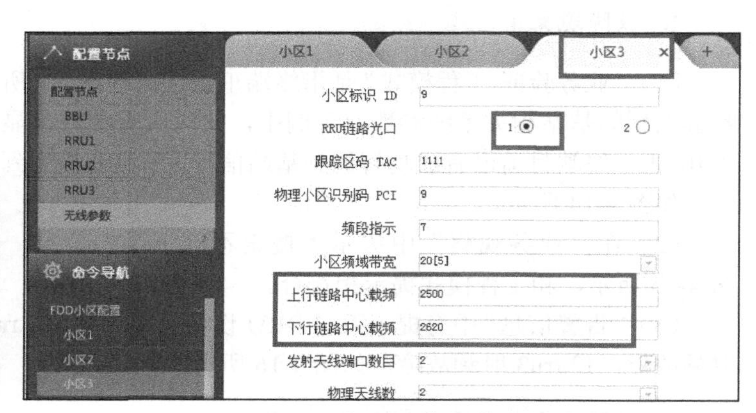

图 4-18　数据配置模块小区参数排查

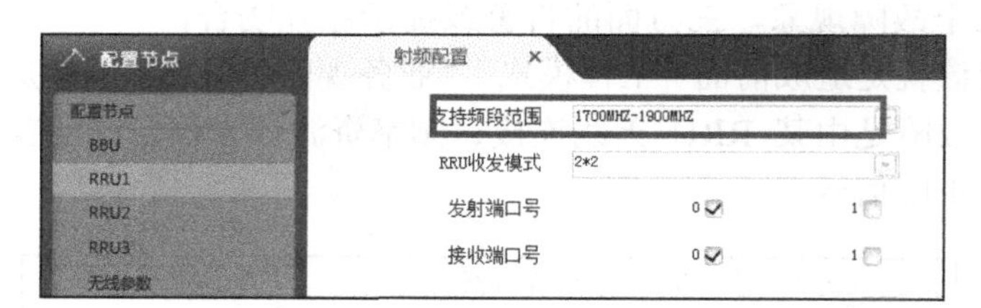

图 4-19　数据配置模块 RRU 参数排查

3. 故障现象 2

万绿市 A 站点当前告警中物理接口告警、连线告警和射频告警都已经消除，但终端“工程模式”还是显示搜索不到小区信号，仍存在空口故障，如图 4-20 和图 4-21 所示。

4. 故障 2 分析及定位

分析排除物理故障、射频和频率故障后，此故障分析应该和空口网络对接参数相关。检查基站侧、终端配置以及核心网三者之间的移动国家码和网络号是否匹配。此案例故障经过检查后，最终定位为网元管理里的移动网号 MNC 与拨测终端-终端配置里设置的 MNC 不匹配，如图 4-22 和图 4-23 所示。

当前警告

产品 全部　城市 全部　网元 全部

序号	告警级别	告警生成时间	位置信息	描述
1	告警	11:23:33	千湖市核心网机房-mme	S1-MME接口链路故障
2	告警	11:23:33	万绿市核心网机房-mme	S1-MME接口链路故障
3	告警	11:23:33	万绿市核心网机房-mme	S6a接口链路故障
4	告警	11:23:33	万绿市核心网机房-sgw	S11接口链路故障
5	告警	11:23:33	万绿市核心网机房-pgw	S5S8接口控制面路由不可达
6	告警	11:23:33	百山市A站点机房-bbu	找不到BBU
7	告警	11:23:33	百山市A站点机房-rru1	找不到rru1
8	告警	11:23:33	百山市A站点机房-rru2	找不到rru2
9	告警	11:23:33	百山市A站点机房-rru3	找不到rru3
10	告警	11:23:33	百山市A站点机房-bbu	S1-C链路故障
11	告警	11:23:33	万绿市A站点机房-bbu	S1-C链路故障

图 4-20　告警提示信息-2

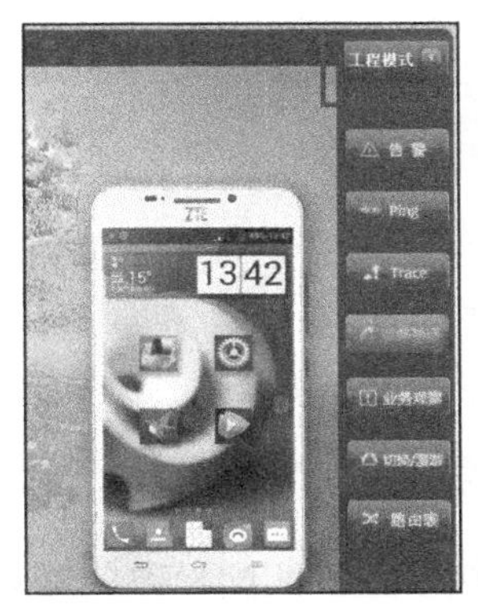

图 4-21　业务验证-工程模式界面-2

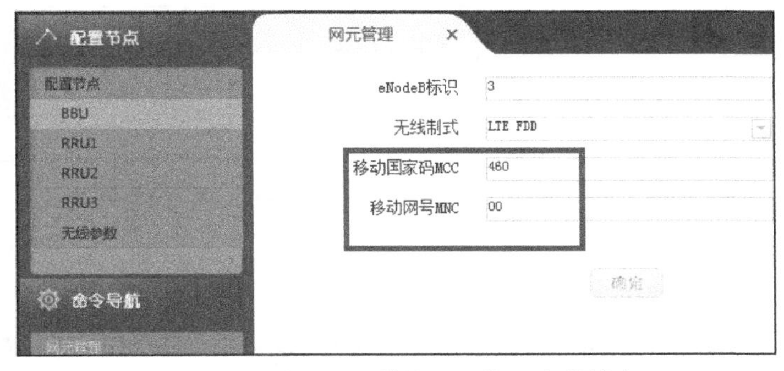

图 4-22　数据配置模块网元管理参数排查

修改 BBU 的移动网号 MNC 后，终端的“工程模式”显示信号状态不为 0，并能显示其他系统参数，表示能搜索到无线信号，并定位到标识为 111 的无线小区，如图 4-24 所示。

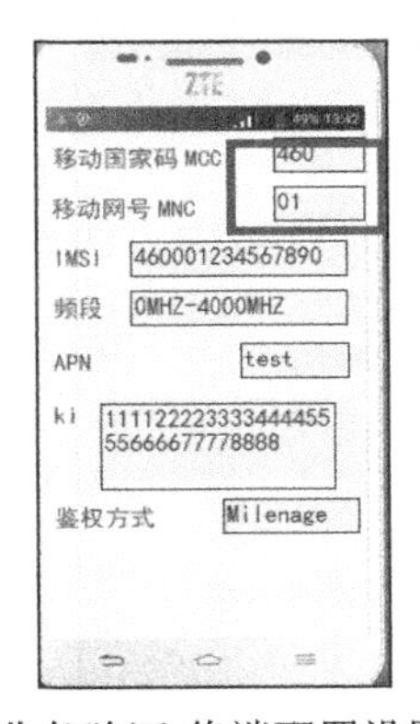

图 4-23　业务验证-终端配置设置排查

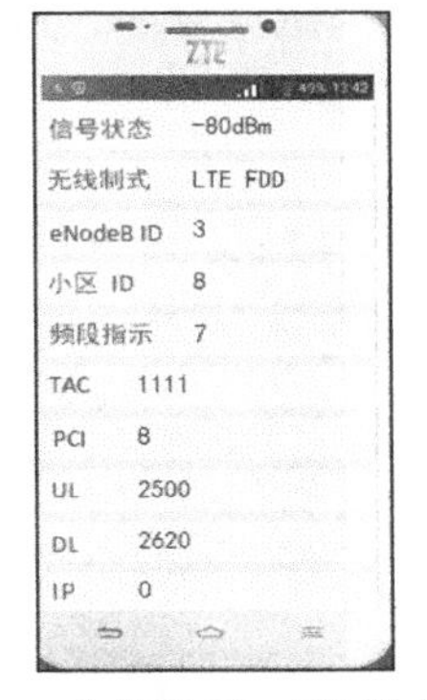

图 4-24　业务验证-工程模式示例

4.2.2.4　无线及核心网故障案例三

无线对接故障排查示例如下。

1. 故障现象

万绿市 A 站点 W1 小区下，终端“工程模式”已经显示搜索定位到小区，“当前告警”显示 S1-C 链路故障，并且拨测测试后“业务观察”提示“S1-C 链路故障”，如图 4-25 和图 4-26 所示。

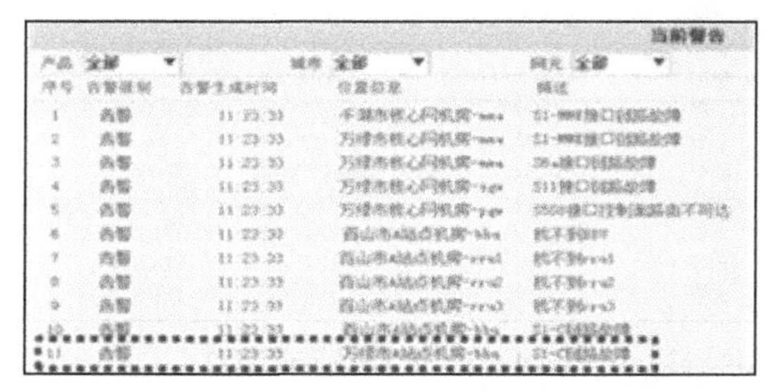

图 4-25　当前告警提示

图 4-26　业务观察提示

2. 故障分析及定位

分析该故障应该是由基站侧与核心网的 MME 之间对接参数不匹配导致的，对比 BBU-SCTP 配置和核心网 MME-eNodeB 对接配置后，定位为无线配置中“远端 IP 地址”与核心网侧的 IP 配置不匹配导致，如图 4-27 和图 4-28 所示。

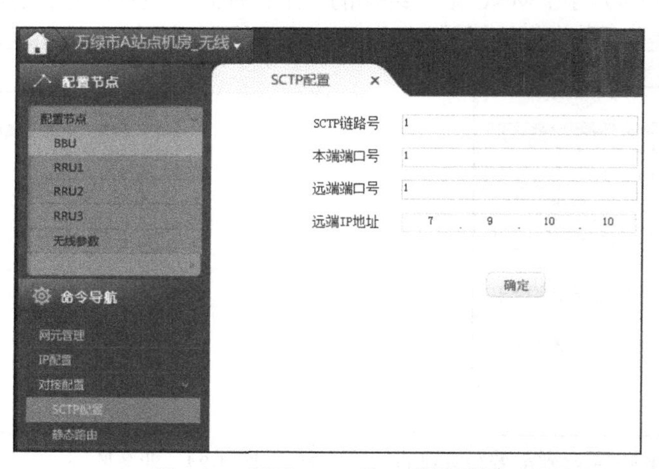

图 4-27　无线 S1-C 接口配置界面

修改不匹配的配置后，无线侧告警消除。当前告警中没有关于万绿市 A 站点的告警信息，表示无线侧已经没有物理类、空口类或对接信令类故障，如图 4-29 所示。

使用拨测工具，拨测失败，业务观察显示“核心网机房-核心网信令链路故障”，如图 4-30 所示。接下来需要运用核心网排查思路，排查剩下的核心网告警和相关故障，直至达成“实验模式”下拨测成功的目标。

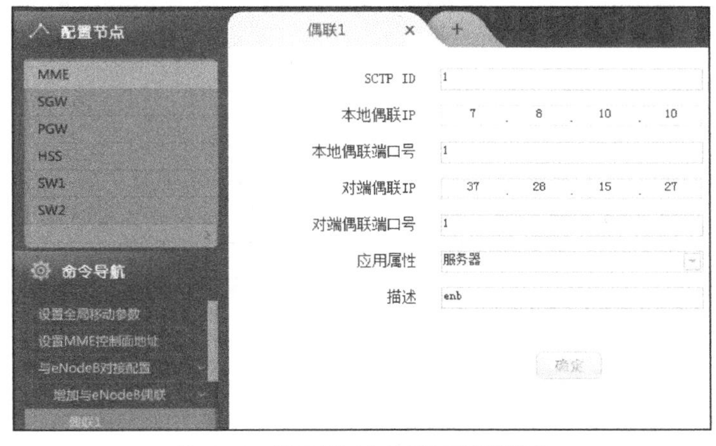

图 4-28　核心网 S1-C 接口配置界面

当前警告

产品 全部　城市 全部　网元 全部

序号	告警级别	告警生成时间	位置信息	描述
1	告警	14:32:22	千湖市核心网机房-mme	S1-MME接口链路故障
2	告警	14:32:22	万绿市核心网机房-mme	S6a接口链路故障
3	告警	14:32:22	万绿市核心网机房-sgw	S11接口链路故障
4	告警	14:32:22	万绿市核心网机房-pgw	S5S8接口控制面路由不可达
5	告警	14:32:22	百山市A站点机房-bbu	找不到BBU
6	告警	14:32:22	百山市A站点机房-rru1	找不到rru1
7	告警	14:32:22	百山市A站点机房-rru2	找不到rru2
8	告警	14:32:22	百山市A站点机房-rru3	找不到rru3
9	告警	14:32:22	百山市A站点机房-bbu	S1-C链路故障

图 4-29　当前告警信息提示

图 4-30　业务观察提示

4.2.2.5　无线及核心网故障案例四

1. 故障现象

在进行千湖市 LTE 全网端到端调试中，发现千湖市任意小区下的拨测都失败，“业务观察”中提示信息为：S1-C 链路故障，如图 4-31 所示。查看千湖市的当前告警信息，显示 MME 各接口链路故障。

2. 故障分析及定位

根据告警信息显示，MME 和与之相关的所有网元的链路均为故障。S1-MME 接口链路故障的可能原因为：

（1）MME 与 eNodeB 之间的物理连接故障；

当前事件				历史事件			
产品 全部		城市 全部	网元 全部	产品 全部		城市 全部	网元 全部
序号	生成时间	位置信息	描述	序号	生成时间	位置信息	描述
1	11:33:10	千湖市A站点机房	S1-C链路故障				

当前警告				
产品 全部		城市 全部		网元 全部
序号	告警级别	告警生成时间	位置信息	描述
1	主要	11:39:18	千湖市核心网机房-mme	S1-MME接口物理连接故障
2	告警	11:39:18	千湖市核心网机房-mme	S1-MME接口链路故障
3	告警	11:39:18	千湖市核心网机房-mme	S6a接口链路故障
4	告警	11:39:18	千湖市核心网机房-mme	S11接口链路故障
5	告警	11:39:18	千湖市核心网机房-pgw	S5S8接口控制面路由不可达
6	主要	11:39:18	万绿市核心网机房-mme	S1-MME接口物理连接故障
7	主要	11:39:18	万绿市核心网机房-sgw	S1-U接口物理连接故障
8	严重	11:39:18	万绿市核心网机房-sgw	S5S8接口物理连接故障
9	严重	11:39:18	万绿市核心网机房-pgw	S5S8接口物理连接故障
10	严重	11:39:18	万绿市核心网机房-mme	S6a接口物理连接故障
11	严重	11:39:18	万绿市核心网机房-hss	S6a接口物理连接故障
12	严重	11:39:18	万绿市核心网机房-mme	S11接口物理连接故障
13	严重	11:39:18	万绿市核心网机房-sgw	S11接口物理连接故障
14	告警	11:39:18	万绿市核心网机房-mme	S1-MME接口链路故障

图 4-31　故障现象

（2）MME 与 eNodeB 之间的路由故障；

（3）MME 与 eNodeB 之间的偶联故障。

其他接口情况过程相同。根据以上分析，对可能的原因进行逐一排查，发现 MME 与交换机的连线错误，MME 采用 10GE 端口与交换机的 40GE 端口相连，端口速率不一致，如图 4-32 所示。

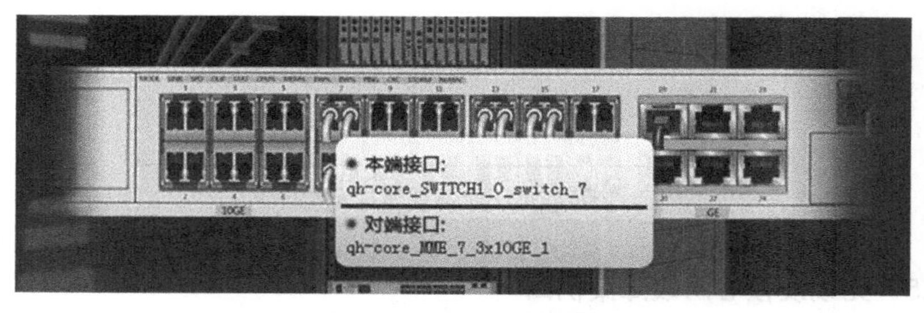

图 4-32　MME 连线图

3. 故障排除

删除 MME 与交换机之间的连线，将 MME 的 10GE 光口连接至交换机的 10GE 光口上后，发现告警消失，拨测成功。

4.2.2.6　无线及核心网故障案例五

1. 故障现象

在进行千湖市某小区的 LTE 全网端到端调试中，千湖市拨测失败，“业务观察”中提示信息为：用户鉴权失败，如图 4-33 所示。

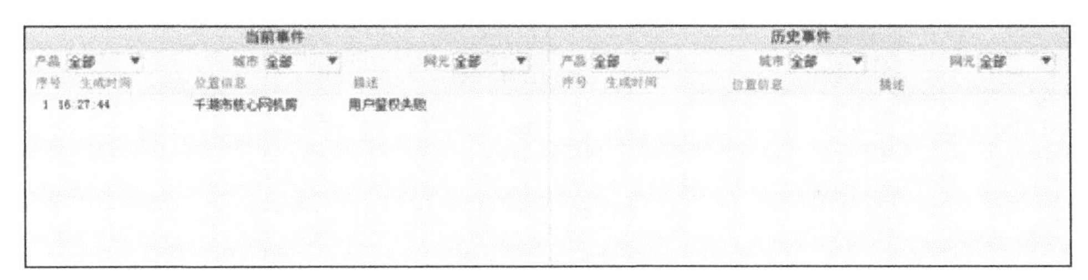

图 4-33　故障现象

2. 故障分析及定位

从故障现象分析可知，各网元之间的信令连接都正常，且拨测结果为“用户鉴权失败”，说明此时系统只有鉴权失败的业务类故障。分析导致用户鉴权失败的可能原因包括：

（1）终端与 HSS 签约信息的 Ki 不一致；

（2）终端与 HSS 签约信息的鉴权算法不一致。

根据以上分析，对可能的原因进行逐一排查，发现 HSS 签约信息的鉴权算法选择错误，导致终端侧与网络侧的鉴权算法不一致，如图 4-34 所示。

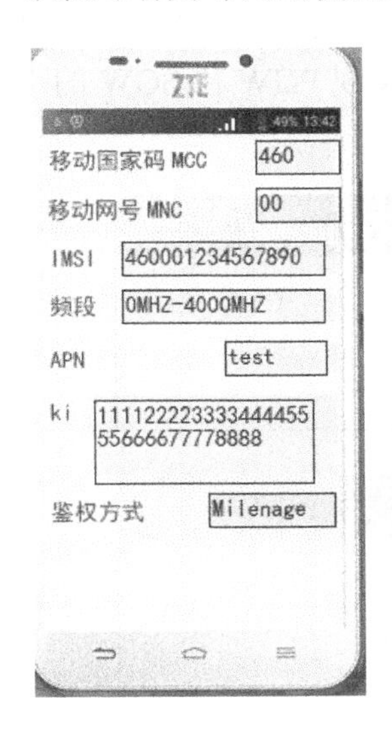

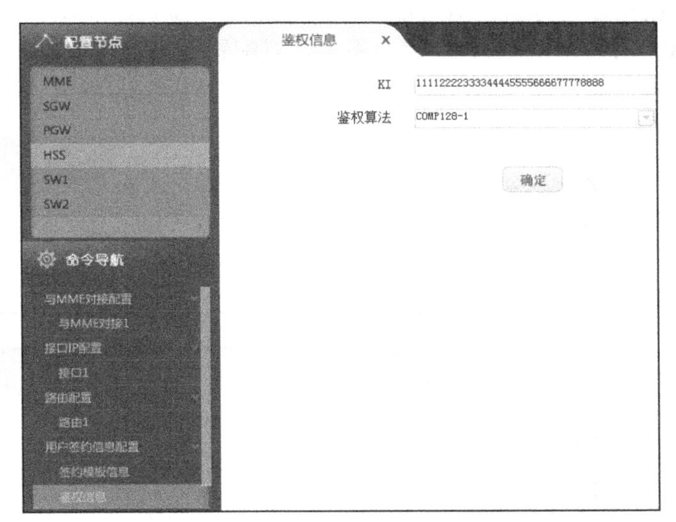

图 4-34　故障分析

3. 故障排除

在 HSS 的用户签约信息配置中，将其修改为 Milenage 后再次进行拨测测试，拨测成功。

4.2.2.7　无线及核心网故障案例六

1. 故障现象

在进行千湖市某小区的 LTE 全网端到端调试中，千湖市拨测失败，“业务观察”中提示信息为：数据传输中断，如图 4-35 所示。

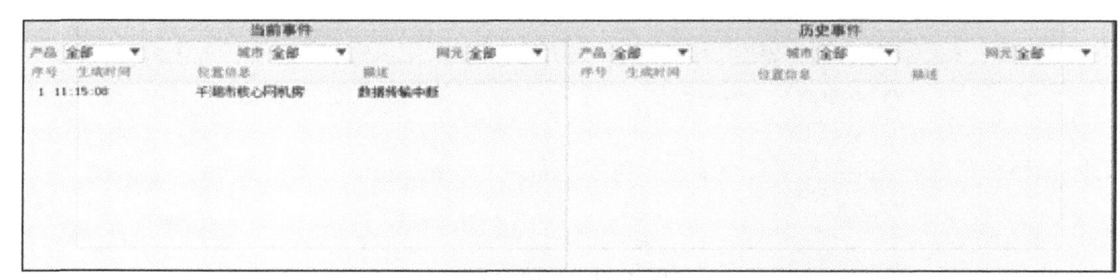

图 4-35　故障现象

2. 故障分析及定位

从故障现象分析可知，各网元之间的信令连接都正常，且拨测结果为“数据传输中断”，说明此时系统出现的是用户面数据传输故障。在 LTE 系统中，用户面数据传输的路径为：终端↔BBU↔SGW↔PGW，分析导致“数据传输中断”的可能原因包括：

（1）S1-U 接口用户面故障，即 BBU 与 SGW 之间的路由故障；

（2）S5/S8 接口用户面故障，SGW 与 PGW 之间的 GTP-U 路由故障。

根据以上分析，对可能的原因进行逐一排查，发现 BBU 与 SGW 之间的互联正常，SGW 与 PGW 的 GTP-U 路由不通，对配置数据进行检查，发现 PGW 往 SGW 的路由的目的地址配置与 SGW 本地地址不一致，如图 4-36 所示。

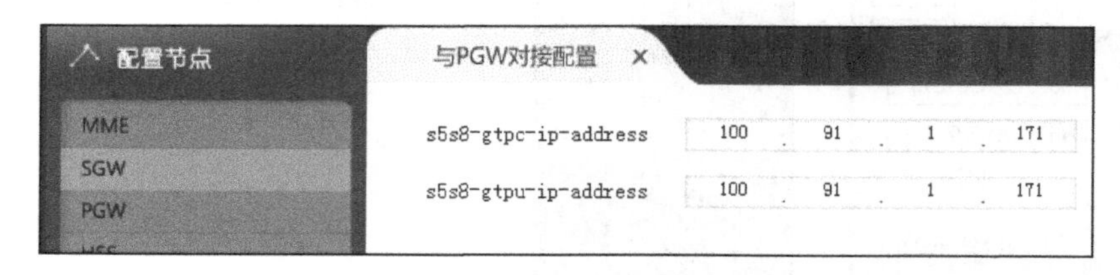

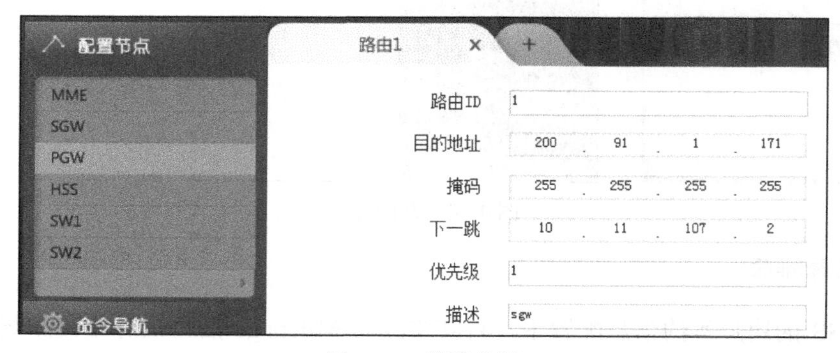

图 4-36　故障分析

3. 故障排除

将 PGW 中的路由配置的目的地址改为与 SGW 的本地地址保持一致，即为 100.91.1.171 后进行拨测测试，业务观察中的错误消失，拨测成功。

缩略语

英文缩写	英文全称	中文名
3GPP	Third Generation Partnership Project	第三代合作伙伴计划
APN	Access Point Nane	接口点名称
ARP	Allocation and Retention Priortity	分级及保持优先
ARQ	Automatic Repeat reQuest	自动重传请求协议
BPSK	Binary Phase Shift Keying	二进制相移键控
CDF	cumulative distribution function	累计分布函数
CS	Circuirt Switching	电路交换
DFT	Discrete Fourier Transform	离散傅立叶变换
DRX	Discontinuous Reception	非连续接收
E-MBMS	Evolved Multimedia Broadcast and Multicast Service	演进型 MBMS
eNB	Evolution Node B	演进型 Node B
EPC	Evolved Packet Core	演进型分组核心网
EPS	E-UTRAN Radio Access Bearer	E-UTRAN 无线接入承载
E-UTRA	Evolved Universal Terrestrial Radio Access	演进型 UTRA
FEC	Forward Error coding	前向纠错
GERAN	GSM EDGE Radio Access Network	GSM/EDGE 无线接入网
GBR	Guaranteed Bit Rate	保障的比特率
GGSN	Gateway GPRS Support Node	网关 GPRS 服务节点
GPRS	Global Packet Radio Service	通用分组无线服务技术
GTP	GPRS Tunnelling Protocl	GPRS 隧道协议
GUMMEI	Globally Unique MME Identifier	全球唯一 MME 标识
GUTI	Globally Unique Temporary Ientifier	全球唯一临时标识
HARQ	Hybrid Automatic Repeat reQuest	混合自动重传请求

续表

英文缩写	英文全称	中文名
HeNB	Home eNB	家庭 eNB
HSDPA	High Speed Downlink Packet Access	高速下行分组接入
HSUPA	High Speed Uplink Packet Access	高速上行链路分组接入
HSS	Home Subscriber Server	归属地签约用户服务器
IFFT	Inverse Discrete Fourier transform	逆快速傅立叶变换
IMS	IP Muitimedia subsystem	IP 多媒体子系统
LTE	Long Term Evolution	长期演进计划
MAC	Media Access Control	媒体接入控制
MIMO	Multiple Input Multiple Output	多输入多输出
MME	Mobility Management Entity	移动性管理实体
MMEC	MME Code	MME 代码
MMEGI	MME Group Identifier	MME 组标识
NAS	Non Access Stratum	非接入层
OFDM	Orthogonal Frequency Division Multiplex	正交频分复用
PAPR	Peak to Average Power Ratio	峰均功率比
PDCP	Packet Data Convergence Protocol	分组数据汇聚协议
PDN	Packet Data Network	分组交换数据网络
PDU	Packet Data Unit	分组数据单元
PS	Packet Switching	分组交换
QAM	Quadrature Amplitude Modulation	正交调幅
QCI	QoS Class Identifier	QoS 类别标识
QoS	Quality of Service	服务质量
QPSK	Quadrature Phase Shift Keying	正交相移键控
RLC	Radio Link Control	无线链路控制
RRC	Radio Resource Control	无线资源控制
SAE	System architecture Evolution	系统架构演进
SAE-GW	System architecture Evolution Gateway	系统架构演进网关
SC-FDMA	Single Carrier-Frequency Division Multiple Access	单载频-频分多址接入
SDM	Spatial Division Multiple	空分复用
SDU	Servic Data Unit	业务数据单元
S-GW	Serving Gateway	服务网关
TAC	Tracking Area List	跟踪区列表
TA	Tracking Area	跟踪区
TAI	Tracking Area Identifier	跟踪区标识
TTI	Transmission Time Interval	传输时间间隔
UE	User Equipment	用户设备